Ben Stacy Jerrik (Hrsg.)

Aphasie

Ben Stacy Jerrik (Hrsg.)

Aphasie

Neurowissenschaften, Dysarthrie, Lippenlesen, Lispeln, Logophobie

Part Press

Publisher:
Part Press is a trademark of
International Book Market Service Ltd., 17 Rue Meldrum, Beau Bassin, 1713-01 Mauritius
Email: info@bookmarketservice.com
Website: www.bookmarketservice.com

Published in 2012

Printed in: U.S.A., U.K., Germany. This book was not produced in Mauritius.

ISBN: 978-613-9-00923-7

Contents

Articles

References

Aphasie

Klassifikation nach ICD-10	
F80.1	Expressive Sprachstörung
F80.28	Sonstige rezeptive Sprachstörung
F80.3	Erworbene Aphasie mit Epilepsie [Landau-Kleffner-Syndrom]
G31.0	Umschriebene Hirnatrophie
R47.0	Dysphasie und Aphasie
ICD-10 online (WHO-Version 2011) [1]	

Eine **Aphasie** (griechisch ἀφασία *aphasía* ‚Sprachlosigkeit') ist eine erworbene Störung der Sprache aufgrund einer Läsion (Schädigung) in der dominanten, meist der linken, Hemisphäre des Gehirns.

Aphasien treten nach verschiedenen Erkrankungen (Schlaganfall, Schädelhirntrauma, Gehirnblutung nach Venenthrombose, Tumoren, entzündlichen Erkrankungen, Intoxikation) nach abgeschlossenem Spracherwerb auf. Sie verursachen Beeinträchtigungen in den einzelnen sprachlichen Modalitäten (Sprechen, Verstehen, Schreiben und Lesen), aber auch in nichtsprachlichen Bereichen in unterschiedlichen Schweregraden. Sprachliche und nichtsprachliche Symptome sind in charakteristischer Weise kombiniert, weshalb Aphasie oder aphasische Störungen auch als multimodale Störungen bezeichnet werden.[2] Die Union Europäischer Phoniater (UEP) definierte eine Aphasie basierend auf Konzepten von O. Schindler als *einen Teil- oder Vollverlust einer oder mehrerer linguistischer oder nonlinguistischer, bereits ausgebildeter kommunikativer Fähigkeiten infolge einer Läsion der Gehirnstrukturen für die Kodierung und/oder Dekodierung von jeglichen Botschaften beliebigen Schwierigkeitsgrades, expressiv oder impressiv, auf jedem Kommunikationskanal.*

Wichtig ist die Abgrenzung der Aphasie als Sprachstörung von Sprechstörungen wie zum Beispiel der Dysarthrie, allerdings können Sprach- und Sprechstörung auch gemeinsam auftreten.

Die interdisziplinär ausgerichtete Aphasiologie beschäftigt sich mit der Diagnostik und Behandlung der Aphasien. Beteiligte medizinische Fächer sind z.B. Neurologie, Phoniatrie, des Weiteren z.B. Linguistik, Psychologie, Neurobiologie, Logopädie.

Ursprünglich bezeichnete Aphasie einen kompletten Sprachverlust, während leichtere Beeinträchtigungen mit dem Terminus **Dysphasie** belegt wurden. Aufgrund praktischer Abgrenzungsprobleme kam es zu einer Bedeutungserweiterung von Aphasie für alle Fälle einer erworbenen Störung.

Arten

Aphasien werden von verschiedenen Autoren(gruppen) unterschiedlich eingeteilt. In Deutschland ist die mehr klinisch orientierte Einteilung der Aachener Schule um Walter Huber und Klaus Poeck die meistverwendete, nicht zuletzt weil sie das Ergebnis eines standardisierten Diagnoseverfahrens, des Aachener Aphasie-Tests (AAT), ist. Es werden dort vier Hauptarten („Standardsyndrome") und mehrere Sonderformen unterschieden:

Typ	Spontansprache	Nachsprechen	Sprachverständnis	Wortfindung
Amnestische bzw anomische Aphasie	flüssig, aber Paraphasie	leicht beeinträchtigt	leicht beeinträchtigt	gestört, paraphasisch
Broca-Aphasie	gestört	gestört	eingeschränkt für syntaktisch komplexes Material	eingeschränkt
Wernicke-Aphasie	flüssig (z. T. Logorrhoe, Neologismen)	gestört	eingeschränkt	eingeschränkt
Globale Aphasie	gestört	gestört	gestört	gestört

Diese komplexen Syndrome bestehen aus Symptomstrukturen; sie ergeben sich aus einer Clusteranalyse von Kookkurrenzen der verschiedenen Symptome. Neben diesen vier Hauptarten der Aphasie gibt es seltenere Sonderformen wie z. B. transkortikale Aphasie, die sich beispielsweise darin äußert, dass die Betroffenen nachsprechen, aber nicht frei reden können, und die Leitungsaphasie, die meistens durch Läsionen im Bereich des Fasciculus arcuatus der dominanten Hemisphäre entsteht und für die eine starke Einschränkung des Nachsprechens bei ansonsten weitgehend intakten sprachlichen Fähigkeiten charakteristisch ist.

Eine andere, feinere Einteilung, zusammen mit einem anderen Diagnoseverfahren, wurde von Leischner (vgl. Literatur) vorgeschlagen.

Amnestische bzw. anomische Aphasie

Leitsymptom: Wortfindungsstörungen (Schwierigkeiten beim Benennen von Gegenständen u. ä.). Die Sprache ist flüssig, bei auftretenden Wortfindungsstörungen können die Zielbegriffe häufig umschrieben werden. Das Kurzzeitgedächtnis ist gestört (z. B. Schädel-Hirn-Trauma).

Broca-Aphasie

Die Broca-Aphasie wurde früher auch „motorische Aphasie" genannt, stockende, angestrengte Spontansprache mit starken Wortfindungsstörungen. Mittelgradige Störungen des Sprachverständnisses, so dass es im Gespräch manchmal zu Missverständnissen kommt, werden häufig erst bei direkter Testung entdeckt.

Gehirnareale, deren Störung Broca- bzw. Wernicke-Aphasie verursachen

Wernicke-Aphasie

Die Wernicke-Aphasie wurde früher auch „sensorische Aphasie" genannt. Flüssige Sprache mit sehr vielen semantischen Paraphasien (Verwechslungen von Wörtern) und phonematischen Paraphasien (Lautverdrehungen) bzw. Neologismen (Wortneuschöpfungen). Meist werden die Fehler von den Betroffenen nicht wahrgenommen. Zum Teil überschießender Sprachfluss (der Logorrhoe). Stark eingeschränktes Sprachverständnis.

Globale Aphasie

Die globale Aphasie ist die schwerste Form der Aphasie, bei der kaum lautsprachliche Äußerungen möglich sind und auch das Sprachverständnis schwer gestört ist. Ursache ist eine ausgedehnte Läsion, die das motorische und sensorische Sprachzentrum der dominanten Hemisphäre mit einschließt. Meistens handelt es sich um einen Totalinfarkt im Versorgungsgebiet der Arteria cerebri media.

Aphasietherapie

Aphasietherapie umfasst unterschiedliche Möglichkeiten um nach einem Sprachverlust die Sprache und andere Funktionen wieder herzustellen. Die aphasischen Störungen haben häufig enorme psycho-soziale Folgen. Verhaltensansätze zur Sprachtherapie bei Aphasie umfassen ein unterschiedliches Repertoire an Techniken, die modell- oder symptomorientiert vorgehen. Aufgrund der verschiedenen Störungen / Verluste, sind mehrere Disziplinen in der Therapie gefordert, u.a. Logopädie, Musiktherapie, Bewegungstherapie.

Therapieformen

Sprach-Sprechtherapie

Ambulante Aphasietherapie findet in der Regel in Praxen für Sprachtherapie (bei z.B. Logopäden, klinischen Sprechwissenschaftlern u.a.) statt. Es gibt zum Teil auch die Möglichkeit, die Behandlung in einem ambulanten Therapiezentrum oder in einer Klinik mit ambulanter Rehabilitation durchzuführen. [3]

Musiktherapie

Musiktherapie bei Aphasie kann sich entweder auf das Verbessern der sprachlichen Fähigkeiten, oder auf die sekundären Folgen (Traumaverarbeitung, emotionelle Probleme, soziale Vereinsamung, etc.) richten.[4] [5]

Therapie mit Hilfe von Medien

Computerprogramme unterstützen die Arbeit der Therapie. Visuell ersetzen sie das Vorlegen von Bilderkarten durch die Therapeuten, wobei Bilder/Begriffe zugeordnet werden müssen. Die Audiounterstützung hilft Laute, Worte und Sätze beliebig oder in Reihenfolge zu hören und nachzusprechen. Die Hilfe durch Videos zeigt Großaufnahmen von Mund- und Zungenbewegungen. Bei stationären Aufenthalten können Medien besonders intensiv genutzt werden.

TeleTherapie (intensiv)

Eine therapeutisch supervidierte TeleTherapie ist eine Sonderform der computergestützten Therapie. Telematik ermöglicht dem Therapeut täglich mit dem Patienten - auch über eine größere Distanz hinweg – in Verbindung zu stehen. Ziel ist es, mit täglichen und auch mehrmals täglichen Therapieeinheiten, Patienten schneller und nachhaltiger auf ein höheres funktionelles Leistungsniveau zu bringen. Die Übungen (Hausaufgaben) erfolgen nach Verordnung und unter Supervision (Kontrolle) eines Therapeuten. Die Therapieübungen werden per Funk an die Therapiestation (Patienten - Leihgeräte) übermittelt und nach Abschluss der Einheiten an den Therapeuten rückübertragen. Der Therapeut wertet die Ergebnisse aus und adaptiert die Übungen. Indikationen: Neurologie, Orthopädie, Kardiologie.

Erfolgsaussichten

Der Therapieerfolg hängt von vielen verschiedenen Faktoren ab; so laufen im Alter Regenerationsprozesse physiologischer Weise langsamer ab. Ein möglichst frühzeitiger Therapiebeginn ist immer wünschenswert. Auch die Häufigkeit der Therapie und die Ausstattung mit technischen Hilfsmitteln und Nutzung von Medien ist von Belang. Ausreichend körperliche Aktivität, viel praktisches Sprechen bis hin zum Singen ist wichtig. Entscheidend für den Erfolg ist in jedem Fall die engagierte Zusammenarbeit von Arzt, Logopäden, Bewegungstherapeut, Familie und Freunden.

Selbsthilfegruppen

Einen wichtigen Beitrag zur Begleitung Betroffener und deren Angehörige bieten Selbsthilfegruppen. Im *Bundesverband der Rehabilitation der Aphasiker e.V.* sind Landesverbände zusammengefasst, die mit örtlichen Gruppen in regional unterschiedlichem Angebot „Hilfe zur Selbsthilfe“ anbieten. [6]

Siehe auch

- klinische Neuropsychologie
- Apraxie (Störung gelernter Handlungen oder Bewegungsabläufe)
- Agnosie (Unfähigkeit, bei erhaltenen Sinneswahrnehmungen das Wahrgenommene auch zu erkennen und zu deuten)
- Alexie (neurologisch bedingte Leseunfähigkeit)
- Akalkulie (Rechenunfähigkeit)
- Agraphie (neurologisch bedingte Schreibunfähigkeit)
- Kognitive Dysphasien (Sprachverarbeitungsstörungen infolge beeinträchtigter Aufmerksamkeits-, Gedächtnis- und Exekutivfunktionen)
- Sprachzentrum
- Schizophasie („Wortsalat“ als extreme formale Denkstörung bei Schizophrenie)

Literatur

- Teletherapie bei Aphasie - Ergebnisse einer Studie des Bundesministeriums für Forschung und Bildung

Präsentation auf der 7. Jahrestagung der Gesellschaft für Aphasieforschung und -behandlung (GAB) E.Rupp, S.Sünderhauf & J.Tesak Idstein (Taunus), 1.-3. November 2007 [7]

- Computergestützte Aphasie-Therapie: Das Konzept der EvoCare-Therapie

B. Seewald, E. Rupp, W. Schupp, Forum Logopädie, März 2004 [8]

- Leischner, Anton: *Aphasien und Sprachentwicklungsstörungen: Klinik und Behandlung.* Stuttgart: Thieme 1987 (2. Aufl.), ISBN 3-13-573902-3
- Richard J. Brunner: *Untersuchungen zur linguistischen Struktur der Spontansprache bei Aphasikern und anderen Patienten mit definierten Hirnläsionen vor dem Hintergrund der historischen Zusammenhänge der Aphasieforschung*, Universität Ulm 1989
- Blanken, Gerhard (Hg.): *Einführung in die linguistische Aphasiologie. Theorie und Praxis.* Freiburg: HochschulVerlag 1991, ISBN 3-8107-5055-7
- Lutz, Luise: *Das Schweigen verstehen: Über Aphasie.* Berlin: Springer 2004 (3. Aufl.), ISBN 3-540-20470-9
- Schöler, Meike & Holger Grötzbach: *Aphasie: Wege aus dem Sprachdschungel.* Berlin: Springer 2004 (2. Aufl.), ISBN 3-540-20469-5
- Meike Wehmeyer (Autor), Holger Grötzbach (Autor): *Aphasie. Wege aus dem Sprachdschungel*, Springer, 2006, ISBN 978-3-540-34139-0
- Jürgen Tesak: *Einführung in die Aphasiologie.* 2., aktualisierte Auflage. Stuttgart/New York: Thieme 2006, ISBN 3-13-111112-7
- Jürgen Tesak: *Grundlagen der Aphasietherapie*, Schulz-Kirchner 2007, ISBN 3-8248-0444-1
- Huber, Walter / Springer / Poeck, Klaus: *Klinik und Rehabilitation der Aphasie. Eine Einführung für Therapeuten, Angehörige und Betroffene*, Thieme 2006, ISBN 978-3-13-118441-2
- Pohlmann, Mareike: *Die Aphasie-Selbsthilfegruppe: Theorie und Praxis - Von der Gründungsidee bis zur Umsetzung*, Saarbrücken: VDM Verlag Dr. Müller 2007, ISBN 978-3-8364-1377-0
- Luise Lutz: *MODAK - Modalitätenaktivierung in der Aphasietherapie*, Springer, 2009, ISBN 978-3-540-89538-1

Einzelnachweise

[1] http://www.dimdi.de/static/de/klassi/diagnosen/icd10/htmlamtl2011/index.htm
[2] Günter Wirth: Sprachstörungen, Sprechstörungen, kindliche Hörstörungen (http://books.google.de/books?id=oBibt87zBHkC&pg=PA555&lpg=PA555&dq=wirth+sprachstÃ¶rung+poltern&source=bl&ots=YgUjCKonNu&sig=c_TYfJWnsYxlkE0t-oUblZMSUq8&hl=de&ei=KGavTLWgAoGDOrW4wZoG&sa=X&oi=book_result&ct=result&resnum=1&ved=0CBkQ6AEwAA#v=onepage&q&f=false) S. 568 ISBN 3769111370
[3] Homepage Deutscher Bundesverband für Logopädie e.V. (http://www.dbl-ev.de/index.php?id=1163)
[4] Deutsche Musiktherapeutische Gesellschaft (http://www.musiktherapie.de/index.php?id=78)
[5] Kasseler Thesen zur Musiktherapie (http://www.musiktherapie.de/index.php?id=78)
[6] http://www.aatalklinik.de/de/kontakt/downloads/Aphasiehilfe.pdf Artikel aus Forum Logopädie 2004: Die Aphasie-Selbsthilfebewegung in Deutschland: Ein Partner der Logopädie (PDF)
[7] http://www.dr-hein.com//download/16/studien_teletherapie_bei_aphasie.pdf
[8] http://www.dr-hein.com//download/5/studien_computergest%C3%83%C2%BCtzte_aphasietherapie.pdf

Weblinks

Anlaufstellen

- Bundesverband für die Rehabilitation der Aphasiker e. V. (http://www.aphasiker.de)
- Aphasie beim Kind (http://www.aphasiker-kinder.de)

Neurowissenschaften

Mit dem Plural des Begriffs **Neurowissenschaft** werden im deutschen Sprachraum die Forschungsbereiche von Medizin und Biologie gemeint und pauschal zusammengefasst, in denen – meist in Kooperation mit daran angrenzenden Wissenschaftsbereichen wie der Psychologie, Informationstechnik und Informatik bis zur Robotik – Aufbau und Funktionsweise von Nervensystemen untersucht werden.

Untersuchungsgegenstand ist die Rolle von Nervensystemen jeder Art beim gesamten Vollzug der Lebensvorgänge von Organismen. Das sich daraus ergebende Untersuchungsfeld ist riesig.

Im Einzelnen geht es in den Neurowissenschaften um die Analyse von Aufbau und Funktionsweise der zentralen Einheiten aller Nervensysteme, den Neuronen und anderen Zelltypen wie insbesondere Gliazellen. Untersucht werden die Eigenheiten und die Auswirkungen der Vernetzung dieser Zellen zu neuronalen Netzwerken in komplexen Nervensystemen. Beispiele dafür sind das diffusen Nervensystem der Hohltiere, das Strickleiternervensystem der Arthropoden und das Zentralnervensystem der Wirbeltiere.

Forschungsrichtungen der Neurowissenschaften, die sich hauptsächlich mit der Untersuchung von Aufbau und Leistungen des Gehirns von Primaten (d.h. Menschen und Menschenaffen) befassen, werden in der Umgangssprache oftmals unter der Bezeichnung **Hirn-** oder **Gehirnforschung** zusammengefasst.

Neben der experimentellen Grundlagenforschung wird unter medizinischen Gesichtspunkten auch nach Ursachen und Heilungsmöglichkeiten von Nervenkrankheiten wie Parkinson, Alzheimer oder Demenz geforscht. Weiterhin untersucht man in den Neurowissenschaften die kognitive Informationsverarbeitung (neuronale Abläufe bei der Wahrnehmung, früher traditionell als „geistige“ Phänomene bezeichnet) sowie Entstehung und Ablauf emotionaler Reaktionen oder weit gefasste Phänomene wie Bewusstsein und Gedächtnis.

In den letzten Jahrzehnten haben sich deswegen zahlreiche, teilweise institutionell verankerte Kooperationen zwischen Neurowissenschaftlern und Forschern aus anderen Fachbereichen ergeben, wobei die engsten Beziehungen zu Vertretern der Kognitionswissenschaft, Psychologie und Philosophie des Geistes bestehen.

Disziplinen der Neurowissenschaften

Die Neurowissenschaften entziehen sich dem Versuch, sie nach verschiedenen Kriterien scharf in Teilbereiche zu untergliedern. Zwar könnte man die Disziplinen zunächst einmal nach den jeweils betrachteten mikro- und makroskopischen Hierarchie-Ebenen (Moleküle, Zellen, Zellverband, Netzwerk, Verhalten) ordnen, jedoch tendieren die Neurowissenschaften zu einer eher funktionellen Sichtweise. Das heißt, meistens wird die funktionelle Rolle eines mikroskopischen Elements für ein (makroskopisches) System ein oder mehrere Ebenen darüber untersucht.

Grob lassen sich die Neurowissenschaften, den Ebenen entsprechend, in vier Disziplinen einteilen:

- Neurobiologie
- Neurophysiologie
- Kognitive Neurowissenschaft
- Klinisch-medizinische Fächer

Die *Neurobiologie* beschäftigt sich im Wesentlichen mit den molekularen und zellbiologischen Grundlagen der Neurowissenschaften. Weitere Disziplinen, die auf dieser Ebene arbeiten, sind die neurowissenschaftlichen Zweige von Biochemie, Molekularbiologie, Genetik und Epigenetik, aber auch der Zellbiologie, der Histologie und Anatomie sowie der Entwicklungsbiologie. Mit der Ausweitung neurowissenschaftlicher Erkenntnisse aus der Zoologie auch auf Pflanzen befasst sich die – kontrovers diskutierte – Pflanzenneurobiologie.

An zentraler Stelle der Neurowissenschaften steht die *Neurophysiologie.* Obwohl die Physiologie normalerweise eine Unterdisziplin der Biologie ist, nimmt sie in den Neurowissenschaften insofern eine besondere Rolle ein, als neuronale Aktivität und somit die „Sprache der Nerven“ in den Bereich der Neurophysiologie fällt. Die Neurophysiologie lässt sich untergliedern in die Elektrophysiologie und die Sinnesphysiologie, ist aber auch eng verwandt mit der Neuropharmakologie, Neuroendokrinologie und Toxikologie.

Einen zentralen Platz auf einer höheren Ebene nimmt die Kognitive Neurowissenschaft ein. Sie befasst sich mit den neuronalen Mechanismen, die kognitiven und psychischen Funktionen zugrunde liegen. Sie interessiert sich also vor allem für höhere Leistungen des Gehirns, wie auch für dessen Defizite Neuropädagogik.

Die *klinisch-medizinischen Fächer* beschäftigen sich mit Pathogenese, Diagnose und Therapie der Erkrankungen des Gehirns und umfassen die Neurologie, Neuropathologie, Neuroradiologie, und Neurochirurgie sowie die Biologische Psychiatrie und Klinische Neuropsychologie.

Methoden der Neurowissenschaften

Die Methoden der Neurowissenschaften unterscheiden sich zunächst in ihrer Anwendbarkeit beim Menschen. *Nichtinvasive Verfahren* können zum Studium des menschlichen Nervensystems eingesetzt werden. Folgende Liste gibt die verfügbaren nichtinvasiven Verfahren der Neurowissenschaften an, also Verfahren, die das System nicht schädigen. Ausnahme sind hier die Läsionsstudien, die versuchen, durch systematischen Vergleich von geschädigten Gehirnen Aufschluss auf die Lokalisation von Funktionen zu bekommen. Allerdings wird die Schädigung nicht gezielt vorgenommen, sondern Patienten mit Hirnverletzungen oder Schlaganfällen stellen die Basis für die Studie dar.

Die Psychophysik ist ausschließlich mit der Messung der Fähigkeiten des Gehirns als Gesamtkomplex innerhalb des Lebewesens beschäftigt. Sie liefert Hinweise auf den Bereich der Möglichkeiten, den ein Lebewesen hat. Die Psychophysik wird oft zusammengebracht mit der Anatomie, wenn Läsionsstudien durchgeführt werden. Patienten mit Hirnläsionen z. B. nach einem Schlaganfall werden mit gesunden Menschen verglichen. Der Vergleich der (psychophysischen) Möglichkeiten zweier neuronaler Systeme mit intaktem bzw. geschädigtem Gehirn erlaubt, die Rolle des geschädigten Hirnbereiches für die Fähigkeiten und Vermögen einzuschätzen. Die Läsionsstudien haben allerdings den Nachteil, dass der Ort der Schädigung erst nach dem Tode des Patienten festgestellt werden konnte. Sie waren daher sehr langwierig, stellten aber über lange Zeit die Basis aller neurowissenschaftlichen Studien dar und begrenzten die Geschwindigkeit des neurowissenschaftlichen Erkenntnisgewinns. In ihrer Methodik spielt die

Aktivität von Nervenzellen insofern keine unmittelbare Rolle, als nicht die Nervenzelle, sondern das Gesamtsystem des Lebewesens der Schwerpunkt der Studie ist.

Mit der Entwicklung von Geräten, die direkt oder indirekt Rückschlüsse auf die Aktivität des Gehirns zulassen, änderte sich auch die Art der Studien. Die Entwicklung der Elektroenzephalographie (EEG) erlaubt es, dem Gehirn beim Arbeiten indirekt zuzuschauen. Die Aktivität von Nervenzellen erzeugt ein elektrisches Feld, das außerhalb des Schädels gemessen werden kann. Da sich orthogonal zu jedem elektrischen Feld auch ein Magnetfeld ausbreitet, kann auch dieses gemessen werden, diese Methode bezeichnet man als Magnetoenzephalographie (MEG). Beiden Methoden ist gemeinsam, dass sie es ermöglichen, die Aktivität von großen Zellverbänden in hoher zeitlicher Auflösung zu messen und damit Aufschluss über die Reihenfolge von Verarbeitungsschritten zu erhalten. Die räumliche Auflösung ist mäßig, dennoch wird es den Forschern erlaubt, Erkenntnisse über Ort und Zeitpunkt von neuronalen Prozessschritten am lebenden Menschen zu gewinnen.

Mittels der Computertomographie (CT) ist es möglich geworden, Ort und Ausdehnung einer Läsion auch beim lebenden Patienten zu bestimmen. Läsionsstudien wurden damit schneller und auch genauer, da das Gehirn bereits unmittelbar nach einer Schädigung *gescannt* werden kann und die Anatomie der Schädigung bereits Hinweise auf mögliche (kognitive) Ausfälle geben kann, die dann gezielt studiert werden können. Ein weiterer Nebeneffekt ist die Tatsache, dass das Gehirn sich von einer Schädigung bis zum Tode des Patienten verformt, was die genaue anatomische Bestimmung der Schädigung erschwert. Diese Verformung spielt beim CT insofern keine Rolle, als die Zeitspanne zwischen Schädigung und Tomographie für gewöhnlich kurz ist. Dies gilt im gleichen Maße für die Magnetresonanztomographie (MRT/MRI, auch Kernspintomographie genannt). Beide Methoden haben eine gute bis sehr gute räumliche Auflösung, erlauben aber keinerlei Rückschlüsse auf die Aktivität von Nervenzellen. Sie stellen die Fortsetzung der Läsionsstudien dar.

Funktionelle Studien, also Studien, die die Funktion bestimmter Hirnareale untersuchen, wurden erst möglich, als bildgebende Verfahren entwickelt wurden, deren gemessene Signalstärke sich in Abhängigkeit von der Aktivität von Hirnarealen verändert. Zu diesen Methoden zählt die Positronen-Emissions-Tomographie (PET), die Single Photon Emission Computed Tomography (SPECT) sowie die funktionelle Magnetresonanztomographie (fMRI/fMRT). Sie alle erzeugen ein Signal von mäßiger bis guter räumlicher Auflösung, haben aber den Nachteil, praktisch blind für die zeitliche Abfolge von neuronalen Prozessen (im Millisekundenbereich) zu sein. Eine relativ neue Methode ist die nichtinvasive Nahinfrarotspektroskopie, die zwar eine gute zeitliche Auflösung besitzt, allerdings nur kleine Bereiche des Gehirns abbilden kann. Im Gegensatz zu anderen funktionellen Methoden kann sie aber wie ein EEG mobil und in natürlichen Umgebungen eingesetzt werden.

In tierischen Modellsystemen oder in klinischen Studien kommen auch *invasive Verfahren* zum Einsatz, die gezielt die Eigenschaften des Nervensystems verändern, oder aber durch die Messung Schäden oder Verletzungen anrichten. Auf globaler Ebene verändern vor allem pharmakologische Agenten die Eigenschaften von Neuronen oder anderen für die neuronale Aktivität, Plastizität oder Entwicklung relevanten Mechanismen. Bei der pharmakologischen Intervention kann dadurch je nach Substanz ein Hirnareal beeinflusst oder ganz zerstört, oder aber im gesamten Gehirn lediglich ein ganz bestimmter Kanal- oder Rezeptortyp der neuronalen Zellmembran beeinflusst werden. Die pharmakologische Intervention ist damit also gleichermaßen eine globale wie eine spezifische funktionelle Methode. Um die Effekte der Intervention zu messen, greift man für gewöhnlich auf die Psychophysik, die Elektrophysiologie oder (post mortem) die Histologie zurück.

Die Transkranielle Magnetstimulation (TMS) erlaubt es, kurzfristig Hirnareale auszuschalten. Sie wird, obwohl invasiv, auch beim Menschen angewendet, da man nicht von bleibenden Schäden ausgeht. Mittels eines starken Magnetfeldes wird Strom schmerzfrei in ganze Hirnareale induziert, deren Aktivität dadurch nichts mehr mit der normalen Aufgabe der Areale zu tun hat. Man spricht daher manchmal auch von einer temporären Läsion. Die Dauer der Läsion ist für gewöhnlich im Millisekundenbereich und erlaubt daher Einblick in die Abfolge neuronaler Prozesse. Bei der repetitiven transkraniellen Magnetstimulation (rTMS) dagegen werden Hirnareale durch wiederholte Stimulation für Minuten ausgeschaltet, indem man sich einen Schutzmechanismus des Gehirns zunutze macht. Die wiederholte gleichzeitige Stimulation ganzer Hirnareale gaukelt dem Hirn einen drohenden epileptischen Anfall vor. Als Gegenreaktion wird die Aktivität des stimulierten Hirnareals unterdrückt, um eine Ausbreitung der Erregung zu verhindern. Die so erzeugte temporäre Läsion bleibt nun für einige Minuten bestehen. Die räumliche Auflösung ist mäßig, die zeitliche Auflösung sehr gut für TMS und schlecht für rTMS.

Mittels Elektrostimulation kortikaler Areale kann man, ebenso wie bei der TMS, kurzfristig die Verarbeitung von Nervenimpulsen in bestimmten Hirnarealen beeinflussen oder ganz ausschalten. Im Gegensatz zur TMS wird dazu allerdings der Schädel geöffnet (da von außerhalb des Schädels wesentlich stärkere, schmerzhafte Ströme appliziert werden müssen) und eine Elektrode in ein Hirnareal von Interesse implantiert. Das erlaubt eine wesentlich exaktere räumliche Bestimmung der betroffenen Areale. Die Elektrostimulation wird vor allem in der Neurochirurgie zur Bestimmung der Sprachzentren angewandt, die bei Operationen nicht beschädigt werden dürfen, aber auch in Tiermodellen, um kurzfristig die neuronale Aktivität beeinflussen zu können.

Dem entgegengesetzt arbeitet die Elektrophysiologie, die, statt Ströme ins Gehirn zu induzieren, die Hirnströme von einzelnen Zellen oder Zellverbänden misst. Hier wird zwischen *In-vivo-* und *In-vitro*-Experimenten unterschieden. Bei *In-vivo*-Experimenten werden Elektroden in das Gehirn eines lebendigen Tieres gebracht, und zwar, indem man sie entweder permanent implantiert *(chronisches Implantat)* oder nur temporär in Hirnareale von Interesse steckt *(akutes Experiment).* Chronische Implantate erlauben es, die Aktivität des Gehirns bei einem Tier zu studieren, das sich normal verhält. *In-vitro*-Experimente studieren die elektrische Aktivität von Zellen und werden nicht an lebendigen Tieren vorgenommen, sondern nur am Hirngewebe. Die Aktivität des Gewebes entspricht hier nicht dem normalen Verhalten des Tieres, aber Techniken wie die Patch-Clamp-Technik erlauben sehr viel genauere Rückschlüsse auf die Eigenschaften der Neuronen in einem Hirnareal, da diese systematisch studiert werden können.

Für das Studium der morphologischen Struktur von Hirngewebe war schon immer die Mikroskopie wichtig. Neuere Techniken, vor allem Multiphotonenmikroskopie und konfokale Mikroskopie erlauben eine bislang ungeahnte räumliche Auflösung. Einzelne Neuronen können in 3D vermessen und morphologische Veränderungen genau studiert werden. Bei Benutzung *ionensensitiver* oder *spannungssensitiver* Farbstoffe können auch funktionelle Studien durchgeführt werden.

Weitere Felder der Neurowissenschaften auf zellulärer Ebene sind die Techniken der Genetik. Mit ihrer Hilfe können bei Versuchstieren ganz spezifische Gene gelöscht werden, um deren Bedeutung fürs Nervensystem zu beobachten. Praktisch alle oben angeführten Methoden sind auf solchen Mutanten anwendbar.

Geschichte der Neurowissenschaften

Siehe: Geschichte der Hirnforschung

Literatur

- Olaf Breidbach: *Die Materialisierung des Ichs. Zur Geschichte der Hirnforschung im 19. und 20. Jahrhundert.* Suhrkamp, Frankfurt 1997, ISBN 978-3518288764 Reihe: Wissenschaft, 1276
- Thomas Budde, Sven Meuth: *Fragen und Antworten zu den Neurowissenschaften.* Huber, Bern 2003, ISBN 3-456-83929-4
- Hans Burkert: *Die Neuro-Bilddiktatur der Hirnforschung.* Vernissage, Heidelberg 2009, ISBN 978-3-941812-01-7
- Suitbert Cechura, Kognitive Hirnforschung [1] – Mythos einer naturwissenschaftlichen Theorie menschlichen Verhaltens, Hamburg 2008, VSA, ISBN 978-3-89965-305-2
- David Chalmers: *Mind papers.* ***Bibliographie***. 18.000 Einträge. [2]
- Michael Hagner: *Homo cerebralis. Der Wandel vom Seelenorgan zum Gehirn.* Insel, Frankfurt 2000, ISBN 3458343644
  - dsb.: *Geniale Gehirne. Zur Geschichte der Elitegehirnforschung.* 2. Aufl. München 2007

  - dsb.: *Der Geist bei der Arbeit. Historische Untersuchungen zur Hirnforschung.* Wallstein, Göttingen 2006, ISBN 3835300644.
- Leonhard Hennen, Reinhard Grünwald, Christoph Revermann und Arnold Sauter: *Einsichten und Eingriffe in das Gehirn. Die Herausforderung der Gesellschaft durch die Neurowissenschaften.* Edition Sigma, Berlin 2008 ISBN 978-3836081245
- Ulrich Herrmann: *Neurodidaktik. Grundlagen und Vorschläge für gehirngerechtes Lehren und Lernen.* Beltz, Weinheim 2006 (2. Auflage 2009), ISBN 978-3-407-25511-2
- Peter Janich: *Kein neues Menschenbild: Zur Sprache der Hirnforschung*, Suhrkamp, Frankfurt 2009, ISBN 3518260219
- Eric Richard Kandel, James H. Schwartz, Thomas M. Jessel: *Neurowissenschaften. Eine Einführung.* Spektrum, Heidelberg 1995, ISBN 3860253913. Aus dem Englischen und erweitert nach:
  - *Principals of Neural Science.* 4. Auflage. McGraw-Hill, New York 2000, ISBN 978-0838577011
- Jürgen Peiffer: *Hirnforschung in Deutschland 1849 bis 1974.* Springer, Berlin 2004, ISBN 3540406905
- Ewald Richter: *Wohin führt uns die moderne Hirnforschung?* Duncker & Humblot, Berlin 2005, ISBN 3-428-11786-7
- Christiane Zunke: *Kritik der Hirnforschung. Neurophysiologie und Willensfreiheit.* Akademie, Berlin 2008 ISBN 3050045019

Weblinks

- Neurowissenschaftliche Gesellschaft [3]
- IBRO (International Brain Research Organization) [4]
- Federation of European Neuroscience Societies [5]
- Society for Neuroscience [6]
- Neurosciences on the Internet [7]
- Schweizer Gesellschaft für Neurowissenschaft [8]
- Interdisziplinäres Zentrum für Neurowissenschaften an der JWG Universität Frankfurt [9]
- Eugene M. Izhikevich (Hg.): „Encyclopedia of Computational Neuroscience" [10]. In: *Scholarpedia* (englisch, inkl. Literaturangaben)
- Hirnforschung [11], Historisch-kritisches Wörterbuch des Marxismus, Band 6/I
- Hirnforschung und Krankenmord [12]. Das Kaiser-Wilhelm-Institut für Hirnforschung 1937 - 1945. Von Hans-Walter Schmuhl. Stand 2000. Forschungsprogramm „Geschichte der Kaiser-Wilhelm-Gesellschaft im Nationalsozialismus", 1

Einzelnachweise

[1] http://www.vsa-verlag.de/pdf_downloads/VSA_Cechura_Kognitive_Hirnforschung.pdf
[2] http://consc.net/mindpapers
[3] http://nwg.glia.mdc-berlin.de/
[4] http://www.ibro.info/
[5] http://fens.mdc-berlin.de/
[6] http://apu.sfn.org/
[7] http://neuroguide.com/
[8] http://www.swissneuroscience.ch/
[9] http://www.izn-frankfurt.de/
[10] http://www.scholarpedia.org/article/Encyclopedia_of_Computational_Neuroscience
[11] http://www.inkrit.org/hkwm/documents/Hirnforschung-HKWM06I.pdf
[12] http://www.mpiwg-berlin.mpg.de/KWG/Ergebnisse/Ergebnisse1.pdf

Dysarthrie

Klassifikation nach ICD-10

R47.1	Dysarthrie und Anarthrie

ICD-10 online (WHO-Version 2011) [1]

Dysarthrie (oder Dysarthropneumophonie) ist ein Sammelbegriff für verschiedene Störungen des Sprechens, die durch erworbene Schädigungen des Gehirns bzw. der Hirnnerven und der peripheren Gesichtsnerven verursacht werden. Es können dabei sowohl die Steuerung als auch die Ausführung der Sprechbewegungen eingeschränkt sein. Dadurch kann die Artikulation von Lauten verformt bis unverständlich verwaschen klingen. Bei der schwersten Störungsform, der Anarthrie, kann eine völlige Unfähigkeit bestehen, Sprechbewegungen auszuführen (Laute oder Wörter können dann nicht einmal mehr gehaucht werden). Bei der Dysarthrie sind die am Sprechvorgang beteiligten Muskeln und Organe (Kehlkopf und Stimmbänder) als solche ebenso intakt wie das sprachliche Wissen. Gestört ist lediglich die motorische Innervation der Sprechmuskulatur. Die dabei betroffenen Funktionen sind die Artikulationsorgane (Lippen, Zunge, Kiefer, Gaumensegel), die Atmung und der Kehlkopf.

Ursachen für eine dysarthrische Störung liegen in verschiedenen neurologischen Erkrankungen, wie z. B. dem Parkinson-Syndrom, Schlaganfall, Schädel-Hirn-Trauma, spinocerebelläre Ataxie oder Chorea major (Huntington) bzw. Chorea minor (Sydenham) und Multiple Sklerose. Dysarthrie kann auch als vorübergehende neurologische Störung im Vorfeld einer Migräneattacke – als so genannte Migräneaura – auftreten. In diesem Fall dauert die Störung meist 20 bis 60 Minuten. Die Einteilung der Dysarthrien kann wie folgt aussehen: spastische Dysarthrie, schlaffe Dysarthrie, rigid-hypokinetische Dysarthrie, hyperkinetische Dysarthrie und ataktische Dysarthrie. Diese Unterscheidungen werden je nach zugrunde liegendem Störungsbild getroffen, haben Auswirkungen auf die Therapie und geben Hinweise auf den weiteren Verlauf der Dysarthrie. Im klinischen Alltag treten jedoch üblicherweise Mischformen auf.

Standardisierte Untersuchungsverfahren zur Diagnose von Dysarthrien im deutschsprachigen Raum sind das Münchner Verständlichkeitsprofil (MVP) und die Frenchay Dysarthrie-Untersuchung.

In vielen Fällen lassen sich die Symptome einer Dysarthrie durch logopädische Behandlung und ein entsprechendes Training beeinflussen.

Die Dysarthrie ist zu unterscheiden von anderen Sprechstörungen wie die nicht-neurogenen Dysglossien oder psychogenen Dyslalien und den Störungen des Redeflusses (Stottern). Von Sprechstörungen zu unterscheiden sind Sprachstörungen wie Aphasien.

Tumor

Ein **Tumor** – von lat.: *tumor, -oris*, masc. (Plural: Tumoren, umgangssprachlich auch Tumore) (*Geschwulst, Schwellung*) – im weiteren Sinn ist jede Zunahme eines Gewebsvolumens unabhängig von der Ursache. Synonyme in einer zweiten, engeren Bedeutung sind die Begriffe **Neoplasie** („Neubildung") und „Gewächs".

Dementsprechend gibt es in der Medizin zwei Definitionen des Begriffs Tumor:

- im weiteren Sinn jeglicher erhöhter Platzbedarf (Raumforderung) eines Gewebes (*Intumeszenz*), oder eine tastbare Verhärtung z. B. auch eine Schwellung bei einer Entzündung (Ödem, Phlegmone, Abszess) oder Zyste (siehe hierzu auch Pseudotumor), oder auch eine Stuhlansammlung im Darm, die man vor dem Stuhlgang oft im linken Unterbauch tasten kann. Es ist also ein recht unscharfer Begriff.
- im engeren Sinn Neubildungen von Körpergeweben (Neoplasien), die durch Fehlregulationen des Zellwachstums entstehen – womit bezüglich der Gut- oder Bösartigkeit (Dignität) der Neubildung noch nichts ausgesagt wird.

Neoplasien können jegliche Art von Gewebe betreffen, sie können gutartig (benigne) oder bösartig (maligne) sein. Die maligne Variante wird auch umgangssprachlich als Krebs bezeichnet. Neoplasien können alleinstehend („solitär") oder mehrfach an verschiedenen Stellen im Organismus („multizentrisch" oder „multifokal") auftreten. Üblicherweise werden Tumore als *multizentrisch* bezeichnet, wenn die Distanz zwischen den einzelnen Läsionen mehr als fünf Zentimeter beträgt und als *multifokal*, wenn die Distanz fünf Zentimeter oder kleiner ist, allerdings existiert keine exakte radiologische Definition für diese Begriffe. Je nach Ort (Lokalisation) des Tumors und der Funktion des durch ihn geschädigten Gewebes können sie zu einer Zerstörung von Organen mit Beeinträchtigung des Gesamtorganismus bis zum Tod führen.

Tumoren treten bei allen höheren Lebewesen (auch bei Pflanzen) auf. In diesem Artikel wird aber ausschließlich auf die humanmedizinische Bedeutung eingegangen.

Einteilung (Neoplasie)

Dignität (Eigenschaft)

Tumoren sind Gewebeveränderungen, die auch vererblich, aber beim Menschen generell nicht ansteckend sind. Ihre Einteilung erfolgt nach ihrem biologischen Wachstumsverhalten und nach dem Ursprungsgewebe der Neoplasie.
In Abhängigkeit von der Dignität des Tumors, also seiner Fähigkeit, Metastasen auszubilden, unterscheidet man benigne (gutartige), maligne (bösartige) und semimaligne Tumoren. Die malignen Tumoren werden nochmals in niedrig-maligne und hochmaligne Tumoren unterteilt.

- **Benigne (gutartige) Tumoren** verdrängen durch ihr Wachstum umliegendes Gewebe, durchwachsen (*infiltrieren*) es aber nicht und bilden keine Absiedlungen.
- **Maligne Tumoren** sind bösartige Tumoren. Diese Tumoren werden häufig als Krebs bezeichnet. Sie wachsen in umgebendes Gewebe ein und zerstören es, außerdem setzen sie durch Verbreitung über das Blut (*hämatogen*), die Lymphe (*lymphogen*) oder durch Abtropfung beispielsweise im Bauchraum Tochtergeschwulste.
  Typische bösartige Tumoren sind der Dickdarmkrebs und der Lungenkrebs.
- **Semimaligne Tumoren** setzen in der Regel keine Tochtergeschwulste, zerstören aber umliegendes Gewebe und wachsen in dieses hinein (*Destruktion* und *Infiltration*).

	Benigne (gutartig)	Maligne (bösartig)
Wachstum	**langsam**, verdrängend	**schnell**, invasiv
Abgrenzung zum gesunden Gewebe	**gut abgrenzbar** (z. B. Kapsel, Pseudokapsel)	**schlecht abgrenzbar**
Differenzierung	**gut differenziert**, homogenes Gewebe	**unreife**, heterogenes Gewebe
Zellgehalt	niedrig	hoch
Zellveränderungen	keine oder wenige Zellveränderungen geringe mitotische Aktivität	Hohe Mutationsrate, viele atypische Veränderungen (Atypien), hohe Zellteilungsrate
Verlauf	lang dauernd, symptomarm, **keine Metastasen**, selten Rezidive	kurz, häufig letal, **Metastasen**, häufig Rezidive

Systematik

Gutartige Tumoren und *semimaligne Tumoren* werden nach ihrer Herkunft weiter differenziert. Die Benennung erfolgt durch die angehängte Endung „-om“ an den lateinischen Namen des Ursprungsgewebes.

Bösartige Tumoren werden ebenfalls – soweit das Ursprungsgewebe noch erkennbar und der Tumor nicht völlig entdifferenziert ist – nach diesem Ursprungsgewebe benannt. Allerdings wird diese Nomenklatur nicht konsequent durchgehalten, so dass auch andere Begriffe dafür verwendet werden (z. B. *Siegelringzellkarzinom* nach dem Aussehen der Tumorzellen). Bösartige Tumoren werden im Deutschen als Krebs bezeichnet (auch wenn *Krebs* die Übersetzung des lateinischen Wortes 'Carcinom' ist, und damit nur eine – wenn auch die häufigste – Gruppe von bösartigen Tumoren bezeichnet wird).

Bösartige Tumoren können sich aus noch nicht bösartigen Vorstufen, sogenannten Präkanzerosen, entwickeln. Diese werden unterteilt in fakultative und obligate Präkanzerosen.

Die bösartigen Tumoren werden folgendermaßen untergliedert:

- Karzinome bezeichnen bösartige Tumoren, welche sich von Epithel ableiten. Sie machen einen Großteil der Krebserkrankungen aus.
- Sarkome (griechisch *σάρκα, sarka*, Fleisch), die sich aus dem Binde- und Stützgewebe ableiten und sich je nach Ursprung weiter einteilen lassen, z. B. in Rhabdomyosarkome (Krebs der quergestreiften Muskulatur), Angiosarkome (Krebs der Blutgefäße), Leiomyosarkome (Krebs der glatten Muskulatur, z. B. seltene Formen des Gebärmutterkrebs) etc.
- Neuroendokrine Tumoren, die sich aus dem Neuroektoderm ableiten. Beispiele hierfür sind das Phäochromozytom und das Insulinom, aber auch das kleinzellige Bronchialkarzinom.
- Hämatoonkologische Malignome, die sich aus Blut- oder Blutstammzellen ableiten und die weiter differenziert werden in:
    - Leukämien (die keine Tumoren sind)
    - Lymphome.
- Dysontogenetische Tumoren
    - Teratome aus embryonalem Gewebe (alle drei Keimblätter).
    - embryonale Tumoren (entstehen während der Organentwicklung durch Gewebefehldifferenzierung)
- Mischtumoren, die aus epithelialen und mesenchymalen Anteilen aufgebaut sind.

Die weitere Einteilung bösartiger Tumoren erfolgt analog der TNM-Klassifikation der UICC. Es handelt sich um eine klinisch-empirische Einteilung, welche die weitere Diagnostik, Therapie und Prognose bösartiger Tumoren bestimmt.

Nomenklatur der Tumoren

Quelle[1]

gesundes Gewebe	gutartige Tumoren (Beispiele)	bösartige Tumoren (Beispiele)
	Epitheliale Tumoren	
Plattenepithel	Plattenepithelpapillom	Plattenepithelkarzinom
Basalzellen		Basaliom *)
Urothel	Übergangsepithelpapillom	Urotheliom
Drüsen	Adenom, Papillom, Zystadenom	Adenokarzinom, papilläres Adenokarzinom, villöses Adenokarzinom, Zystadenokarzinom, Siegelringkarzinom
	Neuroendokrine Tumoren	
endokrine Zellen in verschiedenen Organen		Karzinoide
Nebennierenmark	Phäochromozytom	malignes Phäochromozytom
Nebennierenrinde	Nebennierenrindenadenom	Nebennierenrindenkarzinom
endokrines Pankreas	Insulinom	malignes Insulinom
Adenohypophyse	Prolaktinom	
Paraganglion	Paragangliom	
C-Zellen		medulläres Karzinom
	Neuroektodermale Tumoren	
Gliazellen, Meningozyten	gutartige Gliome, Meningeom	Astrozytom, Glioblastom, anaplastisches Meningeom
Melanozyten	Nävus	malignes Melanom
	Mesenchymale Tumoren (Sarkome)	
Bindegewebe und Derivate	Fibrom	Fibrosarkom
		aggressive Fibromatose *)
		Myxosarkom
	kutanes fibröses Histiozytom	malignes fibröses Histiozytom
Fettgewebe	Lipom	Liposarkom
Knorpel	Chondrom	Chondrosarkom
Knochen	Osteom	Osteosarkom
Synovialis		Synovialkarzinom
glatte Muskulatur	Leiomyom	Leiomyosarkom
quergestreifte Muskulatur (Skelettmuskulatur)	Rhabdomyom	Rhabdomyosarkom**)
Gefäße	Hämangioendotheliom, Lymphangiom	Hämangiosarkom, Lymphangiosarkom
periphere Nerven	Schwannom	maligner peripherer Nervenscheidentumor (MPNST)
	Neurofibrom	
Mesothel	benignes Mesotheliom	malignes Mesotheliom
Hirnhaut	Meningeom	
Granulosazelle		Granulosazelltumor, Luteom

		Sonderformen mesenchymaler Tumoren
Knochenmark		akute myeloische Leukämie, chronische myeloische Leukämie
		Ewing-Sarkom
Plasmazellen		multiples Myelom
Lymphatisches System		maligne Lymphome: Hodgkin-Lymphom, Non-Hodgkin-Lymphom
	Sonderformen gemischt endothelial-mesenchymale Tumoren	
	Fibroadenom der Mamma	
	Adenofibrom des Ovars	Adenosarkom
		Adenosarkom der Gebärmutterschleimhaut
		Karzinosarkom der Gebärmutterschleimhaut
	Keimzelltumoren	
Keimzellen	differenziertes Teratom	malignes Teratom
		Seminom
Ovar		Dysgerminom
		Tumoren der embryonalen Gewebe
		embryonales Karzinom
		Nephroblastom
		Neuroblastom
		Medulloblastom
		Retinoblastom
		Hepatoblastom
		Chorionepitheliom
	Kraniopharyngeom	

*) semimaligne Tumoren

**) Rhabdomyosarkome bilden sich aus unreifen Mesenchymzellen und nicht aus der quergestreiften Muskulatur

Klassifikation nach WHO

Tumoren sind nach WHO in Grade eingeteilt (TNM-Klassifikation):

T: **T**umor, N: **N**odus (Lymphk**N**oten), M: **M**etastasen (Fernmetastasen), R: **R**esektion (Resttumor). G: **G**rading

T-Klassifikation (Größe des Tumors):

- T 1-3: Tumor ist auf das Ausgangsorgan beschränkt
- T 4: Tumor infiltriert andere Organe

N-Klassifikation (Lymphknoten):

- Fehlen bzw. Vorhandensein von regionalen Lymphknotenmetastasen

M-Klassifikation (Metastasen):

- Vorhandensein oder Fehlen von Fernmetastasen 0-1

R-Klassifikation (Resektion):

- Resektion mikroskopisch = 0 (Kein Resttumor)
- Resektion mikroskopisch = 1 (Resttumor vorhanden)
- Resektion mit makroskopisch verbliebenen Tumorresten-Resten = 2

G-Klassifikation (Grading)

- G1 bis G4 gute Differenzierung (dem ursprünglichen Gewebe ähnlich) bis hochgradig maligne

Die Lokalisation der Tumoren ist die wesentliche Grundlage der Einteilung der Neubildungen in der von der WHO herausgegebenen *Internationalen statistischen Klassifikation der Krankheiten und verwandter Gesundheitsprobleme* (ICD-10). Siehe auch: Liste der Neubildungen nach ICD-10.

Effekte von Tumoren auf den Körper

Benigne Tumoren wachsen in der Regel langsam und beeinträchtigen den Körper nicht. Einige benigne Tumoren können aber zu malignen Tumoren mutieren. Hier sind vor allem Dickdarmpolypen (*Kolonadenome*) zu nennen, die sehr häufig zu Adenokarzinomen entarten (sogenannte Adenom-Karzinom-Sequenz). Hormonproduzierende Adenome können allerdings durch ihre Hormonwirkung zu schwerwiegenden Erkrankungen führen.

Komplikationen benigner und maligner Tumoren sind:

- Druckatrophie durch Wachstum (führt z. B. zu Hormonmangel bei Tumoren in endokrinen Drüsen).
- Geringgradige Obstruktion von Lumina = Verlegung von Hohlorganen mit Zystenbildung.
- ektope Hormonproduktion z. B. von ACTH, Parathormon oder Insulin.

Komplikationen maligner Tumore sind:

- Hochgradige Obstruktion von Hohlorganen z. B.:
  - Bronchusverschluss → Atelektase, Pneumonie.
  - Ösophagusverschluss → Dysphagie = Schluckstörung.
  - Gallengangverschluss → Ikterus = Gelbsucht.
  - Darmverschluss → Ileus.
- Tumorkachexie: Atrophie des Muskel- und Fettgewebes, Anorexie, Anämie, Schwäche. Der Energiebedarf von Tumorzellen wird oft durch Milchsäuregärung gedeckt, wodurch es zu Hypoglykämie und Azidose kommt, was wiederum die Ausschüttung von Adrenalin, Glucocorticoiden und Glucagon auslöst. Dies fördert Lipolyse sowie Proteolyse, was zu oben genannten Atrophien, und schließlich zur Auszehrung führt. Vermutlich durch TNF-α und andere Zytokine mitverursacht.
- Gewebedestruktion, häufig mit Blutungen. Adenokarzinome neigen zur Ulkusbildung durch Zerstörung des Oberflächenepithels.
- Ödeme durch Verschluss von Venen und Lymphgefäßen.
- Paraneoplastische Syndrome: Darunter versteht man Symptome, die nicht direkt aus der Lokalisation oder der Tumorart zu erklären sind, Erkrankungen der Nerven und Muskeln (Myasthenie), Hypertrophe Osteoarthropathie (Trommelschlägelfinger, Uhrglasnägel), Thrombophlebitis usw. Bei unerklärlichem Auftreten von Paraneoplasien ist eine Tumorsuche unerlässlich.

Therapie

Die Tumortherapie erfolgt durch operative Tumorentfernung, Bestrahlung mit ionisierenden Strahlen und/oder (Poly-)Chemotherapie.

Bei einigen bestimmten bösartigen Tumoren gibt es zusätzliche, spezielle Therapieoptionen. Gegen das Maligne Melanom, den so genannten schwarzen Hautkrebs, gibt es im Stadium der Entwicklung befindliche Krebsimmuntherapien, bei denen der Körper mit speziellen Oberflächenantigenen, also Zellmerkmalen des Malignen Melanoms, geimpft wird. Ein ähnliches Konzept wird bei einigen Tumoren, zum Beispiel den gastrointestinalen Stromatumoren mit der Behandlung durch Immunmodulatoren verfolgt, bei denen das Immunsystem des Körpers angeregt wird, sich gegen Tumorzellen zu richten. Weitere Tumoren werden zusätzlich mit örtlicher Wärme, durch das Verkleben von blutzuführenden Gefäßen oder mit örtlich verabreichten Giften behandelt. Diese Therapieoptionen sind aber alle bestimmten bösartigen Tumoren vorbehalten und machen nur einen geringen Teil der ausgeführten Therapie aus. Bekannt ist, dass die Tumorvakzinierung gegen Melanome bei Hunden mindestens den gleichen Therapieerfolg wie eine Chemotherapie hat, dies aber bei weitaus geringeren bzw. keinen Nebenwirkungen (I. Kurzman, University of Wisconsin, Madison). Bei Pferden gibt es bereits zahlreiche positive Erfahrungen bei bösartigen Tumoren und Sarkoiden mit einer Vakzine mit dendritischen Zellen.

Epidemiologie

Bösartige Tumoren (hier v. a. Krebs) sind nach den Herz-Kreislauferkrankungen die zweithäufigste Todesursache in den industrialisierten Ländern.

Gutartige Tumoren sind sehr häufig. Die meisten Menschen besitzen mehrere gutartige Tumoren, vor allem an der Haut. Einige primär gutartige Tumoren können zu bösartigen Tumoren entarten und müssen entfernt werden. Dies ist vor allem bei Polypen der Dickdarmschleimhaut der Fall. Häufig empfinden Menschen gutartige Tumoren der Haut auch als kosmetisch störend, manchmal können diese z. B. in Körperfalten gereizt werden, so dass auch hier eine Entfernung sinnvoll erscheint.

Siehe auch: Epidemiologie

Literatur

- H. J. Peters u. a.: *Tumorvakzinierung: Dendritische Zellen als Aktivatoren der spezifischen Immunreaktion in Forschung und Klinik.* In: *Deutsche Zeitschrift für Onkologie* 2004 (39), S. 57 –64.

Einzelnachweise

[1] W. Böcker: *Pathologie.* Elsevier, Urban&Fischer Verlag, 2008, ISBN 3-437-42382-7 S. 198f. eingeschränkte Vorschau (http://books.google.de/books?id=_aKIKlvq3KoC&pg=PA198#v=onepage) in der Google Buchsuche

Verstehen

Verstehen ist das inhaltliche Begreifen eines Sachverhalts, das nicht nur in der bloßen Kenntnisnahme besteht, sondern auch und vor allem in der intellektuellen Erfassung des Zusammenhangs, in dem der Sachverhalt steht. Verstehen bedeutet nach Wilhelm Dilthey, aus äußerlich gegebenen, sinnlich wahrnehmbaren Zeichen ein „Inneres", Psychisches zu erkennen. Der Begriff „Verstehen" wird häufig dem Begriff „Erklären" gegenübergestellt, wobei das genaue Verhältnis beider Begriffe (und Prozesse) zueinander unklar bleibt.

Deutungsrahmen

Oft ist ein Verstehen nur mittels sogenannter Deutungsrahmen möglich. Deutungsrahmen sind gesellschaftlich verbreitete und individuell angeeignete Wissensstrukturen, auf die Prozesse des Verstehens aufbauen. Deutungsrahmen sind für das Verständnis von - vor allem sprachlicher - Kommunikation bedeutsam: der Empfänger einer Information reichert in der meist ungenauen / unvollständigen Alltagskommunikation das Gehörte oder Gelesene mit Kontextinformationen an bzw. ergänzt es; erst dadurch bekommt dieses seinen vollen bzw. einen eindeutigen Sinn. Er ordnet Sinneseindrücke und Erfahrungen einer bedeutsamen Struktur zu.

Deutungsrahmen sind mentale Repräsentationen der Welt im Gehirn des Einzelnen. Sie prägen seine Wahrnehmung des gesellschaftlichen Umfeldes und die Bedeutung, Sinnhaftigkeit und Einordnung sozialer Handlungen anderer Personen, und seine Reaktionen (zum Beispiel Empathie) darauf.

Man kann auch Deutungsrahmen von Gruppen gesellschaftlichen Gruppen oder Gesellschaften konstruieren.

Verstehen und Erkenntnis

Verstehen im obigen Sinn und als Interpretation setzt Intelligenz bzw. Geist voraus. Nach Werner Sombart beruht das Verstehen *auf der Identität des Menschengeistes*. Es ist also nur aufgrund der prinzipiellen Identität von Erkenntnissubjekt und Erkenntnisobjekt möglich. Nur Menschen können daher im eigentlichen Sinne – von Menschen – verstanden werden.

Der Begriff des Verstehens im geistigen bzw. interpretativen Sinn spielt in der Philosophie und der Hermeneutik eine große Rolle. Ein Beispiel dafür ist die Frage des Philippus (Apostelgeschichte): „Verstehst du auch, was du da liest?" (Philippus fragt den Äthiopier, Apg 8,30)

Siehe auch Erkenntnistheorie

Weitere Bedeutungen

Der Begriff *Verstehen* meint darüber hinaus auch:

Akustisches richtiges Aufnehmen von Gesprochenem

> Verstehen einer sprachlichen Mitteilung kann durch verschiedenartige Störungen erschwert werden, beispielsweise durch Rauschen oder durch Schwerhörigkeit. Verstehen kann durch Redundanz erleichtert werden. Bei sprachlichen Mehrdeutigkeiten und unterschiedlichem Weltwissen kann es zu Missverständnissen führen. Bei genügend Redundanz ist auch bei starker Fehlerhaftigkeit der Information noch Verstehen möglich.

Verstehen der Sprache, insbesondere einer fremden

> Beim *Verstehen einer Sprache* geht es einerseits um einen Lern- und Erfahrungsprozess, andererseits um die erschwerte Interpretation des aufgenommenen Sachverhalts.

Auslegung bzw. Interpretation (Hermeneutik)

Botschaften werden beim Entschlüsseln immer mit eigenen Erfahrungen und Weltbildern vermischt. Das Ergebnis ist also ein anderes als das, was der Sender gemeint hat.

Expertentum (sich auf etwas Verstehen)

Experten entwickeln oft eine eigene Sprache, mit der sie sich von Dritten abgrenzen, indem sie sich untereinander verstehen, aber von anderen nicht verstanden werden. Man spricht umgangssprachlich auch von Fachlatein.

Sich verstehen (z. B. zwischen Personen, in der Einigung auf Preise)

Wenn Menschen *sich verstehen*, kann dies mehreres bedeuten:

- ein Erfassen der *sprachlichen* Mitteilung des Anderen (→ Fremdsprache),
- eine Sympathie oder Intuition zwischen Menschen, die oft durch Blick und Körpersprache ausgelöst oder verstärkt wird,
- das *Einfühlen* (Verständnis), das intensive zwischenmenschliche Kommunikation voraussetzt und meist auch emotionale Aspekte enthält, oder
- die Selbsterkenntnis, das Verstehen des Ich und möglichst auch seine Akzeptanz.

Die letzten beiden Aspekte erfordern neben Willens- und geistigen Prozessen auch emotionale Intelligenz.

Ob *Tiere* etwas verstehen können, ist umstritten. Versuche bei Affen zeigten aber, dass sie eine dreistellige Anzahl von Wörtern lernen und richtig anwenden können.

Zitate

„Welche Wortspiele und Verrenkungen die Logik auch anstellen mag – verstehen heißt vor allem vereinen. Das tiefe Verlangen des Geistes trifft sich selbst bei seinen verwegensten Schritten mit dem unbewussten Gefühl des vor seine Welt gestellten Menschen: das Bedürfnis nach Vertrautheit, das Verlangen nach Klarheit. Die Welt verstehen heißt für einen Menschen, sie auf das Menschliche zurückführen, ihr seinen Siegel aufdrücken."

– Albert Camus: *Der Mythos des Sisyphos*. Rowohlt-Taschenbuch-Verlag, Reinbek bei Hamburg 2000, ISBN 3-499-22765-7, S. 27f.

„Ich höre und vergesse. Ich sehe und behalte. Ich handle und verstehe."

– Konfuzius

Siehe auch

- Soziologie als *verstehende* Wissenschaft bei Max Weber
- Psychologie als *verstehende* Wissenschaft bei Wilhelm Dilthey
- Friedrich Daniel Ernst Schleiermacher
- Hans-Georg Gadamer
- Hamburger Verständlichkeitskonzept

Sprechstörung

Klassifikation nach ICD-10	
F80.9	Störungen des Sprechens und der Sprache
F98.5	Stottern
F98.6	Poltern
R47	Entwicklungsstörung des Sprechens und der Sprache, nicht näher bezeichnet

ICD-10 online (WHO-Version 2011) [1]

Eine **Sprechstörung** oder ein **Sprechfehler** ist die Unfähigkeit, Sprachlaute korrekt und flüssig zu artikulieren. Es ist eine Störung in der Verwirklichung lautlicher Sprechnormen. Im Gegensatz zur Sprachstörung sind hier nur die motorisch-artikulatorischen Fertigkeiten beeinträchtigt, das Sprachvermögen an sich ist jedoch intakt. Sprach- und Sprechstörung können auch gemeinsam auftreten.

Störungen des Redeflusses

Eine **Redeflussstörung** ist eine Störung des Sprechens, welche durch Unterbrechungen des Sprechablaufs, Pausen, Wiederholungen und Einschübe gekennzeichnet ist.

Zu den Störungen des Redeflusses gehören das Stottern (Störung des Redeflusses mit Pausen, Einschüben, Wiederholungen von Lauten, Silben oder Worten), das Poltern (verwaschene Aussprache durch zu schnelles Reden und Verschlucken von Lauten), der Mutismus (partielles oder vollständiges Nichtsprechen über einen relativ langen Zeitraum hinweg nach weitgehend abgeschlossener Sprachentwicklung) und die Logophobie (dauerhafte und übersteigerte Angstreaktion in Sprechsituationen).

Störungen der Sprechmotorik

Dysarthrie

Die Dysarthrie, auch Dysarthrophonie oder Dysarthropneumophonie ist eine Störung der Sprechmotorik, Phonation und Sprechatmung bedingt durch Schädigungen von Hirnnerven oder motorischer Hirnareale (motorischer Cortex, Basalganglien, Kleinhirn).

Darunter versteht man Aussprachestörungen infolge Erkrankungen der zentralen Bahnen und Kerne der Nerven, die am Sprechvorgang wesentlich beteiligt sind. Ursachen sind meist Schädel-Hirn-Traumata, Tumore, entzündliche Erkrankungen oder cerebrovaskuläre Störungen.

Dysarthrien können sich durch eine undeutliche, verwaschene Artikulation, Veränderungen der Stimmqualität, der Sprechmelodie oder des Sprechtempos sowie Störungen der Rhythmik oder Dynamik des Sprechens äußern.

Die Maximalform mit völliger Unfähigkeit, sprachähnliche Laute zu produzieren, wird als Anarthrie bezeichnet.

Dyslalien

Dyslalien (griechisch *dys* ‚schlecht', *lalein* ‚reden'; deutsch veraltet auch: Stammeln) bezeichnen Entwicklungshemmungen der Lautbildung. Dabei unterscheidet man zwischen phonetischen und phonologischen Störungen. Erstere stellen eine Sprechstörung dar, zweitere dagegen eine Sprachstörung, die den Sprachentwicklungsstörungen zugeordnet wird. Bei Dyslalien werden Laute oder Lautverbindungen verändert (*Distorsion*), ausgelassen (*Elision*) oder durch andere Phoneme ersetzt (*Paralalie*).

Bei den phonetischen Störungen ist die tatsächliche Bildung des Lautes betroffen. Die Artikulation misslingt, weil der dazugehörige motorische Komplex beeinträchtigt ist. Hier finden sich i. d. R. Distorsionen und Elisionen. Ein bekanntes Beispiel für eine Dyslalie im Sinn einer Sprechstörung ist die lispelnde Aussprache des Lautes S, wissenschaftlich *Sigmatismus* genannt. Die spezifischen phonetischen Störungen werden durch den entsprechenden griechischen Buchstaben mit der Endung „-zismus" benannt, z.B. Rhotazismus bei /R/, Gammazismus bei /G/, Kappazismus bei /K/ usf.

Bei den phonologischen Störungen sind dagegen sprachsystematische Prozesse beeinträchtigt. Die Laute können zwar isoliert gebildet werden, werden aber nicht korrekt wahrgenommen und fehlerhaft abgespeichert, sind also in ihrer Bildungsart und ihrem Bildungsort nicht vollständig erfasst. Hier kommt es v. a. zu Paralalien, häufig innerhalb derselben Lautgruppe (K/T/P, G/D/B, M/N/NG, L/R, F/S/CH1/SCH). Zu den sprachsystematischen Prozessen gehören u.a. die Unterscheidung der Laute (*Lautdiskrimination*), das Erkennen eines Lautes innerhalb einer Silbe, eines Wortes oder eines Satzes (*Lautanalyse*), das Zusammenfügen der einzelnen Bildungskomponenten (*Lautsynthese*) und das Lautfolgegedächtnis.

Die Unterscheidung, ob Sprachlaute nicht gebildet werden können, oder ob sie in ihrer bedeutungsunterscheidenden Funktion nicht korrekt verwendet werden, ist besonders wichtig in Hinsicht auf die Förderung, bedeutet aber nicht, dass die Störungen nicht auch in Kombination auftreten können.

Dysglossien

Dysglossien bezeichnen Störungen der Artikulation durch Veränderung der Sprechorgane. Ursachen dafür können sein: Angeborene Missbildungen, Lähmungen oder Verletzungen an Lippen, Zähnen, Zunge, Gaumen und Rachen.

Siehe auch: Sprechen, Nasalitätsstörung

Literatur

- Ulrike Franke: Logopädisches Handlexikon. Ernst Reinhardt Verlag, München, Basel, 8. Aufl., 2008. ISBN 978-3825207717.
- Wirth, Ptok, Schönweiler: Sprachstörungen, Sprechstörungen, kindliche Hörstörungen Deutscher Ärzte-Verlag GmbH, ISBN 3769111370

Siehe auch

- Verbale Entwicklungsdyspraxie

Weblinks

- kindergesundheit-info.de – Sprachstörung; Sprechstörung; Sprachentwicklung [1]: unabhängiges Informationsangebot der Bundeszentrale für gesundheitliche Aufklärung (BZgA)

References

[1] http://www.kindergesundheit-info.de/sprachstoerung.0.html

Sprechen

Das **Sprechen** ist der Vorgang des vorwiegend auf zwischenmenschliche Interaktion ausgerichteten Gebrauchs der menschlichen Stimme, wobei artikulierte Sprachlaute erzeugt werden. Die Bedeutung des Wortes wird auch auf andere Kommunikationsformen ausgeweitet, z. B. mit den Händen in einer Gebärdensprache, mit Gesichtsmuskeln, durch Bilder und Schrift, usw.

Die entsprechende wissenschaftliche Disziplin, die sich mit der Erforschung des Sprechens beschäftigt, nennt man Sprechwissenschaft.

Nach dem Vier-Seiten-Modell von Schulz von Thun sind Informationsübermittlung, Selbstoffenbarung, Appell und Beziehungsveränderung die vier wichtigsten Aspekte der sprachlichen Kommunikation.

Grundgesetze des Sprechens

Wolf und Aderhold haben folgende Grundgesetze des Sprechens identifiziert: Der Sprechende muss in der Lage sein, die Spannungsverhältnisse seines Körpers bewusst kontrollieren und verändern zu können. Hierbei soll es zu keinem unnötigen Kraftaufwand kommen und andererseits soll der Körper auch nicht an Unterspannung leiden – beide führen zu artikulatorischen und stimmlichen Fehlleistungen. Auch müssen die neurologischen und muskulatorischen Voraussetzungen der Gelenke in den Armen und Händen und der Gesichtsmuskeln vorliegen, um ebenfalls kontrollierte, sprachliche Bewegungen ausführen zu können. Ungleich dem Sprechen mit den Händen muss das mündliche Sprechen mit dem Atmen zeitlich in Einklang gebracht werden – wobei die Atemmenge der Länge des jeweilig zu sprechenden Sinnabschnitts entspricht. Zur Ausbildung einer klang- und modulationsfähigen Stimme muss die Weite der Resonanzräume gesichert werden. Erreicht wird dies, indem sich durch entsprechendes Training im Bereich der Artikulationsräume und der Kehle ein Gefühl der Entspanntheit einstellt – und so in der Folge jede stimmliche Tätigkeit als befreiend empfunden wird. Innerhalb der für einen Laut entsprechenden Artikulationsbreite sollen die Sprechwerkzeuge die charakteristischen Bewegungsabläufe durchführen – und nicht nur andeuten. Es handelt sich hierbei also um die ausschöpfenden Bewegungen der Sprechwerkzeuge – insbesondere Lippen, Zunge und Unterkiefer.

Die Stimme des Sprechenden

Soll nicht ihre individuelle natürliche Sprechtonlage überschreiten, zudem müssen die Ein- und Absätze der Stimme mühelos vollzogen werden.

Seine Stimme und die Bewegungsmöglichkeiten seiner Gelenke und Muskeln soll der Sprecher gut kennen - und durch eine entsprechend geschulte Selbstwahrnehmung kleinste Veränderungen in den Sprechwerkzeugen wahrnehmen können. Ein bewusster Formungs- und Mitteilungswille des Sprechenden ist Voraussetzung für ein sinn- und bedeutungsvolles Sprechen.

Sinnvolles

Sinnvolles Sprechen erfordert eine gewisse Gerichtetheit, sowie einen entsprechenden Empfangs- und Raumbezug.

Der ganze Mensch ist am Sprechen beteiligt – das Sprechen ist ein komplexer Vorgang.

Inneres Sprechen

Lautlose Form des Sprechens, die dem Denken, der Lenkung der Beachtung eines Subjekts (Funktion der Sprache) dient. Umfassend diskutiert von Lew Wygotski.

Definition

Das innere Sprechen ist ein von Sprachmuskeln begleitetes inneres Ausdrücken von Sprache, dass seit ca. 1930 experimentell untersucht wird. Die Muskelaktivitäten wurden mittels mechanischer und elektromyographischer Messungen nachgewiesen. Eine Darstellung dieser Forschungen und eine kritische Auseinandersetzung mit Aussagen von Lew Wygotski über das innere Sprechen finden sich bei S. Wahmhoff. Angeregt wird das innere Sprechen durch äußere oder innere Reize, die die verbalen Reaktionen semantisch und syntaktisch (Syntax) beeinflussen.

Hypothesen zur Neurophysiologie des inneren Sprechens

Das Arbeitsgedächtnismodell nach A. Baddalay nimmt zur Erklärung verbaler Entscheidungsfunktionen und des Kurzzeitgedächtnisses die Existenz einer *phonologischen Schleife*, einer *zentralen Exekutivfunktion*, die auch ein Aufmerksamkeitszentrum umfasst, weiterhin das Vorhandensein eines *bildhaft-räumlichen Notizblockes* an.

Die *phonologische Schleife* besteht aus einem eher echohaft arbeitendem Kurzzeitspeicher, der auch Kurzzeitgedächtnis genannt wird und einer Wiederaufrufeinheit.Der Kurzzeitspeicher erhält Informationen für 1–2 Sekunden und wird in der Wernicke-Region verortet. Die Wiederaufrufeinheit erhält Informationen durch deren Wiederaussprechen mittels innerem Sprechen- ihre Aktivität wurde in der Broca-Region nachgewiesen. Nervenfasern aus der Broca-Region steuern die Zungen- und Kehlkopfmuskeln, dies sind wichtige Muskeln für die Sprachbildung. Die wiederaufgerufenen Informationen des Kurzzeitgedächtnisses können mittels der *zentralen* Exekutive *willentlich und aufmerksam verändert werden und so zum gültigen verbalen Ausdruck werden.*

Im Kurzzeitgedächtnis findet auch der Austausch von Informationen mit dem Langzeitgedächtnis und dessen emotionalen Anteilen statt. Der *bildhaft-räumliche Notizblock* enthält bildliche Vorstellungen und örtliche Orientierungen.Beide Funktionen wirken im Grundsatz wie die phonologische Schleife: mit optischem Speicher und einer Wiederaufruffunktion für Bilder.

Die *zentrale Exekutivfunktion* steuert sowohl automatisches als auch kontrolliertes Verhalten und wird im Stirnhirn verortet. Das automatische Verhalten basiert auf gut gelernten Gewohnheiten und Schemata. Diese Gewohnheiten und Schemata bedürfen eines *überblickenden Aufmerksamkeitssystems* welches das Verhalten überwacht und nötigenfalls ein altes Schema durch neues, besser angepasstes Verhalten ersetzt.

Hypothesen zum Inneren Sprechen und zur kognitiven Therapie der Depressionen und Ängste

In der kognitiven Therapie der Ängste und Depressionen stellen automatisches und kontrolliertes verbales und bildhaftes Denken wichtige Sachverhalte dar. Monopolare Depressionen und Angsterkrankungen werden von A.T. Beck und seinen Mitarbeitern auf automatisches, verzerrtes, inneres Sprechen zurückgeführt.In der Therapie sollen die Patienten lernen, die automatischen Gedanken, die dem depressiven und ängstlichen Gefühlen vorausgehen, zu erkennen. Diese automatischen Gedanken haben verschiedene Inhalte, die je die persönliche Leidensgeschichte des Patienten widerspiegeln, z. B. „Ich bin zu schwach“, „Ich sterbe“ oder „das halte ich nicht aus“. Diese automatischen Gedanken entwickeln sich, nach Beck, aus unbewussten Grundannahmen des Patienten. Beck nennt diese

Grundannahmen Schemata. Es handelt sich dabei um gut gelernte, automatische Lebensregeln, die das Fühlen, Denken und Verhalten der Patienten steuern. Diese Regeln können lauten: „Ich bin hilflos“ oder „der Mensch ist ein potentieller Gegner“. Indem der Patient diese Gedanken und deren emotionalen und praktischen Folgen in seinem Leben bewusst erlebt und experimentell korrigiert, kann er deren kränkende Wirkung einschränken. Logische und empirische Fehler begleiten in der Regel das krankhafte Denken. Wenn der Patient während seines Denkens auf logische und empirische Fehler achtet und diese meidet, kann er neue Gefühle und Verhalten in seinem Leben erproben, die mit weniger Leiden verbunden sind. Der Therapeut muss darauf zielen die logischen oder empirischen Widersprüche im Denken seiner Patienten diesen bewusst werden zu lassen.

Siehe auch

- Sprechwissenschaft
- Sprecherziehung
- Gebärdensprache
- Spracherwerb
- Sprechstörung
- Sprache, Sprechakt, Rhetorik, Information
- Entwicklung des Sprechvermögens im Verlauf der Menschwerdung

Literatur

- Helmut Martinetz: *Die klingende Visitenkarte, Grundgesetze des Sprechens*, Lit-Verlag, Münster/London 2005, ISBN 3-8258-8398-1
- Jürgen Messing, Anke Werani: *Sprechend koordinieren.* Journal für Psychologie http://www.journal-fuer-psychologie.de/jfp-3-2009-04.html
- S. Wahmhoff: *Inneres Sprechen.* Weinheim 1980
- A. Baddeley: *Working Memory, Thought and Action.* Oxford 2007
- A.T. Beck: *Kognitive Therapie der Depressionen.* München 1981

Vergiftung

Klassifikation nach ICD-10

T36 Vergiftung durch systemisch wirkende Antibiotika

T37 Vergiftung durch sonstige systemisch wirkende Antiinfektiva und Antiparasitika

T38 Vergiftung durch Hormone und deren synthetische Ersatzstoffe und Antagonisten, anderenorts nicht klassifiziert

T39 Vergiftung durch nichtopioidhaltige Analgetika, Antipyretika und Antirheumatika

T40 Vergiftung durch Betäubungsmittel und Psychodysleptika [Halluzinogene]

T41 Vergiftung durch Anästhetika und therapeutische Gase

T42 Vergiftung durch Antiepileptika, Sedativa, Hypnotika und Antiparkinsonmittel

T43 Vergiftung durch psychotrope Substanzen, anderenorts nicht klassifiziert

T44 Vergiftung durch primär auf das autonome Nervensystem wirkende Arzneimittel

T45 Vergiftung durch primär systemisch und auf das Blut wirkende Mittel, anderenorts nicht klassifiziert

T46 Vergiftung durch primär auf das Herz-Kreislaufsystem wirkende Mittel

T47 Vergiftung durch primär auf den Magen-Darmtrakt wirkende Mittel

T48 Vergiftung durch primär auf die glatte Muskulatur, die Skelettmuskulatur und das Atmungssystem wirkende Mittel

T49 Vergiftung durch primär auf Haut und Schleimhäute wirkende und in der Augen-, der Hals-Nasen-Ohren- und der Zahnheilkunde angewendete Mittel zur topischen Anwendung

T50 Vergiftung durch Diuretika und sonstige und nicht näher bezeichnete Arzneimittel, Drogen und biologisch aktive Substanze

T51 Toxische Wirkung von Alkohol

T52 Toxische Wirkung von organischen Lösungsmitteln

T53 Toxische Wirkung von halogenierten aliphatischen und aromatischen Kohlenwasserstoffen

T54 Toxische Wirkung von ätzenden Substanzen

T55 Toxische Wirkung von Seifen und Detergenzien

T56 Toxische Wirkung von Metallen

T57 Toxische Wirkung von sonstigen anorganischen Substanzen

T58 Toxische Wirkung von Kohlenmonoxid

T59 Toxische Wirkung sonstiger Gase, Dämpfe oder sonstigen Rauches

T60 Toxische Wirkung von Schädlingsbekämpfungsmitteln (Pestiziden)

T61 Toxische Wirkung schädlicher Substanzen, die mit essbaren Meerestieren aufgenommen wurden

T62 Toxische Wirkung sonstiger schädlicher Substanzen, die mit der Nahrung aufgenommen wurden

T63 Toxische Wirkung durch Kontakt mit giftigen Tieren

T64 Toxische Wirkung von Aflatoxin und sonstigem Mykotoxin in kontaminierten Lebensmitteln

T65 Toxische Wirkung sonstiger und nicht näher bezeichneter Substanzen

ICD-10 online (WHO-Version 2011) [1]

Als **Vergiftung** (auch *Intoxikation* oder *Überdosis*) werden jene Schäden bezeichnet, die durch Aufnahme einer jeweiligen Mindestmenge von verschiedensten Substanzen (u. a. Toxine, aber auch Medikamente oder psychotrope Substanzen wie Alkohol und Nikotin sowie sogenannte Gefahrstoffe) verursacht werden.

Das Krankheitsbild wird **Toxikose** (griechisch τοξίκωση *toxíkosi* ‚Vergiftung') genannt. Vergiftungen mit mehreren Stoffen bezeichnet man als *Misch-* oder *Polyintoxikationen.*

Die Möglichkeit einer Vergiftung sollte in Betracht gezogen werden bei

- unerwarteten Todesfällen bei jungen, bis dahin gesunden Menschen
- bei plötzlichen Erkrankungen von Kindern ohne bekannte Vorerkrankungen
- bei gleichzeitiger Erkrankung mehrerer Personen
- bei Rauschgiftabhängigen
- bei Personen mit erleichtertem Zugang zu Giften

Maßnahmen bei akuten Vergiftungen

Akute Vergiftungen sollte man schleunigst behandeln. Maßnahmen oder Ziele, die in der Regel bei akuten Vergiftungen unternommen werden bzw. erreicht werden sollen, sind:

1. Entfernung des Giftes aus dem Körper, beispielsweise durch Erbrechen, aber nicht immer, da das Erbrechen in einigen Fällen kontraindiziert ist (typisches Beispiel: Vergiftung eines Kindes mit Spülmitteln Aspirationsgefahr),
2. Inaktivierung/Entgiftung des Giftes, beispielsweise Komplexierung von Schwermetallen mit Chelatbildnern,
3. Einsatz eines Gegenmittels (Antidots) gegen die Giftwirkung.

Chronische Vergiftung

Von einer *chronischen Vergiftung* spricht man bei langdauernder Einwirkung (Exposition) eines Giftes. Dies ist ein wichtiges Problem der Arbeitsmedizin. Auch langfristige Einnahme von Medikamenten kann zu chronischen Vergiftungserscheinungen führen. Berühmte Beispiele sind die Bleikinder und die Gressenicher Krankheit, aber auch der Alkoholismus bzw. das Rauchen.

Giftinformation

Solche Informationen geben Vergiftungsberatungsstellen (beispielsweise in Deutschland, Schweiz, Österreich). Sie geben schnelle Hilfe in Vergiftungsverdachtsfällen für die Bevölkerung und für medizinisches Fachpersonal. Für den Normalverbraucher die Giftnotrufzentralen für Fragen zu inländischen Fällen und das Tropeninstitut bei Fernreisen.

Giftnachweis

Der Giftnachweis erfolgt meist durch Laboruntersuchungen.

Rechtsmedizinische Gesichtspunkte

Eine wichtige rechtsmedizinische Aufgabe in Vergiftungsfällen ist die Beweissicherung und Dokumentation. Es sollten Giftproben, Urin-, Blut- oder Gewebeproben sichergestellt werden.

Bei manchen Vergiftungen erlauben bereits äußerliche Zeichen eine Diagnose des Toxins. Beispielsweise werden handelsübliche Präparate des Pflanzenschutzmittels E 605 intensiv hellblau gefärbt. Damit sind manchmal Vergiftungen an der blauen Farbe am Mund des Patienten zu erkennen.

Vergiftungsursachen

Vergiftungsursachen sind stark von Altersgruppe und Vergiftungsorten abhängig. Die häufigsten Vergiftungsfälle geschehen z. B. bei Kindern im Alter von 1–4 Jahren durch Arzneimittel, chemische Produkte und Pflanzen und bei Säuglingen häufiger als bei über 70 Jahre alten Leuten.

Meist sind sie aufgrund von Verwechslungen unter dem Einfluss unsachgemäßer Aufbewahrung zurückzuführen (z. B. in Getränkeflaschen). Weitere häufige Vergiftungsursachen sind Kosmetika, Pestizide, Pilze und Nahrungs- und Genussmittel. Die meisten Vergiftungen finden im Haushalt statt, gefolgt von Arbeitsplatz, Kindergärten und Krankenhäusern.

Die Vergiftungsursachen sind anhand der Symptome möglichst frühzeitig aufzudecken und durch die entsprechende Therapie zu behandeln.

Epidemiologie

1995 wurden (in Deutschland) 2.944 Todesfälle durch akute Intoxikationen gezählt. Häufigster Stoff bei diesen Intoxikationen sind das Kohlenstoffmonoxid (CO), die Opioide (Heroin, Morphin usw.) gefolgt von den Schlaf- und Beruhigungsmitteln (Hypnotika). Danach folgen die Alkoholvergiftungen (Ethanol, Methanol und Ethylenglycol).

Laut der Kriminalstatistik des BKA 2004 steht an erster Stelle Ethanol.[1] Auch 1995 betrug laut BKA der Anteil der nicht verkehrsfähigen Medikamente und Gifte bei tödlichen Vergiftungen etwa ein Drittel. Alkohol und legale Genussmittel hätten laut dem Bundeskriminalamt dagegen eine 2/3-Valenz an Intoxikationen.

Rechtslage

Deutschland

Rechtliche Grundlagen im Bereich der Toxikologie sind folgende Gesetze:

- Gesetz über den Verkehr mit Arzneimitteln (Arzneimittelgesetz – AMG)
- Gesetz über den Verkehr mit Betäubungsmitteln (Betäubungsmittelgesetz – BtMG)
- Verordnung zum Schutz vor Gefahrstoffen (Gefahrstoffverordnung – GefStoffV)
- Verordnung über die Nachweisführung bei der Entsorgung von Abfällen (Nachweisverordnung – NachwV)

Im Strafgesetzbuch war die Vergiftung bis 1998 als eigenständiger Tatbestand eines Verbrechens in § 229 StGB aF geregelt. Durch das 6. Strafrechtsreformgesetz wurde er in den § 224 (gefährliche Körperverletzung) überführt. Dadurch wurde der Tatbestand zu einem Vergehen herabgestuft, dessen Qualifikationen sich nunmehr nach den Regeln der Körperverletzung richten. Eine Verurteilung wegen des Verbrechens der schweren Körperverletzung oder Mordes durch Einsatz von Gift ist jedoch weiterhin möglich. Dabei umfasst die rechtliche Regelung auch das äußerliche Vergiften durch Kontaktgifte.

Historische Vergiftungsfälle

- Sokrates starb nach einer Verurteilung zum Tode durch einen Trank aus dem Schierlingsbecher.
- Ludwig van Beethoven litt fast sein ganzes Leben an Bleivergiftung, an der er auch starb.
- Zahlreiche Mitglieder und Angehörige der NS-Führung begingen mit Zyankali Selbstmord.
- Der bulgarische Journalist und Dissident Georgi Markow fiel 1978 einem Regenschirmattentat mit einer mit 40 µg Rizin präparierten sehr kleinen Kugel zum Opfer.[2]
- Der ukrainische Präsident Viktor Juschtschenko, der seit September 2004 an einer lebensgefährlichen Krankheit leidet, wurde mit Dioxin vergiftet.[3]
- Der britische Ex-KGB-Agent Alexander Walterowitsch Litwinenko wurde im November 2006 mit Polonium-210 vergiftet.[4]
- Der russische Ex-KGB-Oberst Viktor Kalaschnikow und seine Frau wurden im November 2010 mit Quecksilber vergiftet.[5] [6]

Siehe auch

- Toxikologie
- Lebensmittelvergiftung
- Giftspritze, Hinrichtung durch Gift
- Alkoholvergiftung

Einzelnachweise

[1] Bundeskriminalamt Polizeiliche Kriminalstatistik 2004 (http://www.bka.de/pks/pks2004/index.html)
[2] SPIEGEL SPECIAL - GIFT IM SCHIRM (http://www.spiegel.de/spiegel/spiegelspecialgeschichte/d-58508477.html)
[3] SPIEGEL ONLINE - Spekulation um Giftanschlag: Geheime Krankenakte Juschtschenko (http://www.spiegel.de/politik/ausland/0,1518,331786,00.html)
[4] SPIEGEL ONLINE - Geheimdienste: Ärzte rätseln über Vergiftung des Ex-KGB-Agenten Litwinenko (http://www.spiegel.de/politik/ausland/0,1518,449912,00.html)
[5] SPIEGEL ONLINE - Staatsanwalt ermittelt wegen möglicher Vergiftung von Kreml-Kritikern (http://www.spiegel.de/politik/deutschland/0,1518,736618,00.html)
[6] FOCUS Magazin - Moskau hat uns vergiftet (http://www.focus.de/panorama/reportage/report-moskau-hat-uns-vergiftet_aid_581060.html)

Weblinks

- kindergesundheit-info.de – Vergiftungen; Vergiftungsunfälle; Schutz vor Vergiftungen; Risikofaktoren (http://www.kindergesundheit-info.de/vergiftungsunfaelle.0.html): unabhängiges Informationsangebot der Bundeszentrale für gesundheitliche Aufklärung (BZgA)

Schreiben

Schreiben (von althochdeutsch *scriban*, aus lat.: *scribere* mit dem Griffel auf einer Tafel einritzen) bezeichnet das Aufzeichnen von Schriftzeichen, Buchstaben, Ziffern oder musikalischen Noten. Sein Gegenstück ist das Lesen, der Prozess, schriftlich niedergelegte Informationen und Ideen aufzunehmen und zu verstehen. Das Schreiben ist eine elementare Kulturtechnik. Die Geschichte des Schreibens ist untrennbar verknüpft mit der Geschichte der Schrift.

Codex Manesse

Schreiben bezeichnet in der übertragenen Bedeutung auch den kreativen Prozess des Verfassens von lyrischen und poetischen Texten, das sogenannte kreative Schreiben. Hierzu gehört das Spiel mit Sprache und Schrift. Das Ergebnis des kreativen Schreibens ist die Literatur.

Nicht nur der Text, auch die Form der Schrift kann Ausdruck künstlerischen Schaffens sein, in der Kalligrafie.

Um zu schreiben sind ein Medium und ein Werkzeug nötig. Schon in der Antike war eine Vielzahl von Techniken in Gebrauch, etwa das Einmeißeln in Stein, das Einritzen in Ton und das Schreiben mit Tinte auf Bambus, Papyrus, Pergament und Papier. Bis zur Erfindung des Buchdrucks war das Schreiben die einzige Möglichkeit, Sprache auf einem Medium festzuhalten. Die Schreibmaschine und der Computer bzw. die Textverarbeitung haben das Schreiben erneut revolutioniert.

In der Antike war die Fähigkeit zu schreiben so wertvoll, dass ein ganzer Berufsstand, die Schreiber, davon lebte. Dies hielt sich in vielen Gegenden der Welt bis zur Einführung von Grundschulen und allgemeiner Schulpflicht, die es ermöglichten, breite Volksschichten in der Kunst des Schreibens zu unterrichten.

Rembrandt: Titus schreibend am Tisch

In der modernen Wissensgesellschaft stellt die Unfähigkeit zu Schreiben (und zu Lesen) ein so elementares Hindernis dar, dass diejenigen, die es nie erlernt haben, mit einem eigenen Begriff belegt werden, Analphabeten. Industrienationen erreichen eine Alphabetisierungsrate von 95 % und mehr. Fehlende körperliche Voraussetzungen für das Schreiben können durch technische Hilfsmittel wie Diktiersysteme überwunden werden.

Schwieriger sind psychische Ursachen, die das Schreibenlernen erschweren oder unmöglich machen, dies sind unter anderem Rechtschreibschwäche (Legasthenie) und Agrafie. Eine partielle oder totale Schreibunfähigkeit geht nicht notwendigerweise mit anderen intellektuellen Einschränkungen einer Person einher.

Siehe auch

- Schreibkompetenz
- Schreibblockade
- Schreibkrampf

Thomas Schweicker schreibt mit den Füßen ca. 1600

Weblinks

- *Schreibkunst* [1]. In: *Meyers Konversations-Lexikon.* 4. Auflage. Band 14, Bibliographisches Institut, Leipzig 1885–1892, S. 626.

rue:Писаня

References

[1] http://www.retrobibliothek.de/retrobib/schlagwort.html?werk=Meyers&bandnr=14&seitenr=0626&wort=Schreibkunst

Sprachstörung

Klassifikation nach ICD-10	
F80	Umschriebene entwicklungsbedingte Störungen des Sprechens und der Sprache
F81	Umschriebene Entwicklungsstörungen schulischer Fertigkeiten
F84.0-F84.1	Autismus
F98.5	Stottern
F98.6	Poltern
G31.0	Progressive isolierte Aphasie
R47	Sprech- und Sprachstörungen, anderenorts nicht klassifiziert
R48	Dyslexie und sonstige Werkzeugstörungen, anderenorts nicht klassifiziert

ICD-10 online (WHO-Version 2011) [1]

Eine **Sprachstörung** oder ein **Sprachfehler** ist eine Störung der gedanklichen Erzeugung von Sprache. Sprachaufbau und Sprachvermögen sind beeinträchtigt. Im Gegensatz dazu ist bei der Sprechstörung primär die motorische Erzeugung von Lauten betroffen. Sprach- und Sprechstörung können auch gemeinsam auftreten.

Klassifikation

Es sind folgende Arten von Sprachstörungen zu unterscheiden:

- Sprachentwicklungsstörung
- Sprachabbau und -verlustsyndrome wie Aphasie, Dysphasie, Landau-Kleffner-Syndrom, Sprachabbau bei Demenz, auch bei Hellerscher Demenz
- Störungen der Schriftsprache: Dyslexie und Dysgraphie
- Störungen des Sprachverständnisses (auch: *fehlende akustische Wahrnehmung, Worttaubheit*), z. B. die Rezeptive Sprachstörung

Die Sprachfehler und Sprachstörungen werden nach Kainz, Jussen und Heese wie folgt eingeteilt.

Vollständiges Ausbleiben der Sprachentwicklung

Dies ist die gravierendste Sprachstörung überhaupt. Taubstummheit (Surdomutitas) kann eine Folge angeborener oder erworbener Gehörlosigkeit sein, „Hirnschäden" und Autismus (besonders beim Kanner-Typ) können ebenfalls zu Stummheit führen.

Gehemmte Sprachentwicklung

Unter Dysgrammatismus versteht man die Unfähigkeit, Sätze nach den Regeln der Grammatik richtig zu bilden. Morphologische Fehler der Wortbeugung (z. B. ein schön Mädchen) und syntaktische Fehler der Wortstellung im Satz (z. B. Ich heim gehe bald) sind Zeichen einer dysgrammatischen Sprachstörung.

In Folge einer allgemeinen geistigen und körperlichen Entwicklungsverzögerung (z. B. geistige Behinderung) kann beim Kind auch die Sprachentwicklung verzögert sein. Als Ursachen gelten Geburtstraumata, Schädigungen im prä-, peri- und postnatalen Stadium sowie Schädigungen psychischer Art (Milieudefekte, Hospitalismus, Deprivationssyndrom). Auch bei Autismus (besonders beim Kanner-Typ) kommt es teilweise zu einer Verzögerung oder sogar zum Ausbleiben der Sprachentwicklung.

Aphasie

Von Sprachverlust oder Aphasie ist dann die Rede, wenn die Fähigkeit, Sprache zu gebrauchen oder zu verstehen, ursprünglich vorhanden war und dann ganz oder teilweise durch ein neurologisches Ereignis verloren ging; dabei ist Sprachverlust eigentlich eine falsche Bezeichnung, denn die Sprache selbst ist erworben aber nicht mehr in vollem Maße anwendbar (alle oder einzelne Modalitäten und linguistische Ebenen können betroffen sein). Das kann durch Durchblutungsstörungen im Gehirn, Tumore, Hirnentzündungen oder Hirntraumata geschehen.

Mit Sprachverlust gehen unter Umständen auch Beeinträchtigungen oder Ausfälle (z. B.) der Lesefähigkeit (Dyslexie oder Alexie), Schreibfähigkeit (Dysgraphie oder Agraphie), Rechenfähigkeit (Dyskalkulie oder Akalkulie) oder/und der bewussten Steuerung der Bewegungen (Dyspraxie oder Apraxie) einher.

Man unterscheidet vier Formen der Aphasie (so genannte *Standardsyndrome*):

- Broca-Aphasie: Trotz weitgehend funktionierendem Sprachverständnis ist die Sprachproduktion gestört. Telegrammstil als markantes Kennzeichen (Agrammatismus).
- Wernicke-Aphasie: Hier ist bei weitgehend erhaltener Sprachproduktionsfähigkeit das Sprachverständnis gestört. Kreation von Satzverschränkungen, Neologismen, endlosen und inhaltslosen Reden (Logorrhoe), sowie fehlendem Störungsbewußtsein.
- Amnestische Aphasie: Die Wortfindung ist gestört (Wortfindungsstörungen - WFS), Sprachproduktionsfähigkeit und Sprachverständnis sind vorhanden.
- Globale Aphasie: Darunter versteht man eine das Sprachverständnis und die Sprachproduktion gleichermaßen umfassende, weit ausgreifende Störung.

Neben diesen werden noch die Formen der *Nicht-Standard-Syndrome* unterschieden:

- Leitungs-Aphasie
- Transkortikale Aphasie (Transkortikal-motorische Aphasie und Transkortikal-sensorische Aphasie)
- nicht klassifizierbare Aphasie
- Rest-Aphasie

Bei einem hohen Prozentsatz der Menschen mit Aphasie geht die Erkrankung mit einer Einseitenlähmung einher (Hemiparese).

Verwandte Themen

- Sprache, Sprechen
- Sprechfehler, Stammeln, Stottern, Lallen

Weblinks

- kindergesundheit-info.de – Sprachstörungen bei Kindern; Risiken in der Sprachentwicklung [1]: unabhängiges Informationsangebot der Bundeszentrale für gesundheitliche Aufklärung (BZgA)

Schädel-Hirn-Trauma

Klassifikation nach ICD-10	
S06.9	Schädelhirntrauma

ICD-10 online (WHO-Version 2011) [1]

Als **Schädel-Hirn-Trauma** (auch **SHT**) bezeichnet man jede Verletzung des Schädels mit Hirnbeteiligung, aber keine reinen Schädelfrakturen oder Kopfplatzwunden. Wegen der Gefahr von Hirnblutungen oder anderer Komplikationen wird für jeden Patienten mit Schädel-Hirn-Trauma (auch „nur" Gehirnerschütterung) die Beobachtung im Krankenhaus empfohlen.

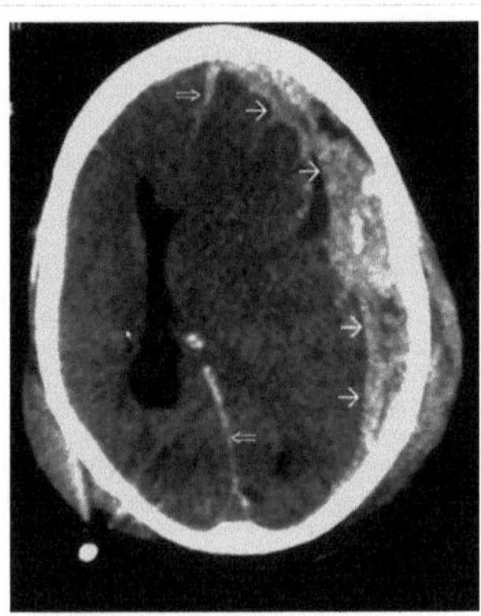

Ausgedehnte Blutung unter der harten Hirnhaut (subdurales Hämatom markiert durch Einzelpfeile) mit Verlegung des rechten Seitenventrikels und Verdrängung des Hirngewebes mit Mittellinienverlagerung nach links (Doppelpfeile)

Einteilungen

Man unterteilt das Schädel-Hirn-Trauma über die *Glasgow-Koma-Skala*:

- *leichtes SHT*: GCS 13–15
- *mittelschweres SHT*: GCS 9–12
- *schweres SHT*: GCS 3–8

Man unterscheidet weiterhin das

- *gedeckte* SHT und das
- *offene* SHT: Perforation von Kopfhaut, Schädelknochen und Zerreißung der harten Hirnhaut (*Dura mater*).

Früher erfolgte eine Einteilung in drei Schweregrade, die sich an der Dauer der Bewusstlosigkeit, der Rückbildung der Symptome und den Spätfolgen orientieren:

- SHT 1. Grades (*Commotio cerebri* oder *Gehirnerschütterung*): leichte, gedeckte Hirnverletzung mit akuter, vorübergehender Funktionsstörung des Gehirns, die mit sofortiger kurzfristiger Bewusstseinsstörung von wenigen

Minuten bis zu maximal einer Stunde einhergeht. Weitere typische Symptome sind anterograde Amnesie (Gedächtnislücke für das Unfallereignis und einen kurzen Zeitraum danach), Übelkeit und/oder Erbrechen. Eine retrograde Amnesie (Gedächtnisverlust für die Zeit vor dem Unfallgeschehen) tritt selten auf und ist in der Regel Zeichen einer höhergradigen Hirnschädigung. Neurologische Ausfälle treten nach Abklingen der Bewusstlosigkeit nicht auf. Beschwerden, wie etwa Apathie, Leistungsminderung, Kopfschmerzen, Schwindel und Übelkeit können im Rahmen eines so genannten *postkommotionellen Syndroms* mehrere Wochen fortbestehen.[1]

- SHT 2. Grades (*Contusio cerebri* oder *Gehirnprellung*): Bewusstlosigkeit länger als 30 Minuten. Spätfolgen sind von der Lokalisation der Hirnschädigung abhängig. Keine Perforation der Dura.
- SHT 3. Grades (*Compressio cerebri* oder *Gehirnquetschung*): Bewusstlosigkeit länger als 60 Minuten, verursacht durch Einklemmung des Gehirns durch Blutungen, Ödeme oder ähnliche Vorgänge. Hierbei sollte man bedenken, dass das Gehirn der einzige große Körperteil des Menschen ist, der fast vollständig von Knochen umgeben ist. Dieser besondere Schutz kann jedoch bei solchen raumfordernden Prozessen gleichzeitig zur Gefahr werden, da somit das gesamte Gehirn unter dem Druckanstieg und der folgenden Einklemmung leiden kann. Die Folge ist oftmals ein lang andauerndes Koma (das oft künstlich verlängert wird), ein komaähnlicher Zustand, oder gar der Tod. Zur Druckentlastung kann eine temporäre Entfernung eines Teils der Schädeldecke (einige Monate) angewandt werden. Dauerhafte Schäden sind zu erwarten, aber nicht zwangsläufig.

Die Einteilung ist sehr schematisch. Beispielsweise tritt bei einer traumatischen Verletzung des Frontalhirns nicht unbedingt eine Bewusstlosigkeit auf, kann aber zu einer dauernden Schädigung führen (Frontalhirnsyndrom). Meist wird heute nur noch zwischen leichtem, mittelschwerem und schwerem Schädel-Trauma differenziert.

Symptome

Die folgenden Symptome können auf ein Schädel-Hirn-Trauma hindeuten. Es gilt zu beachten, dass sich einige der genannten Symptome teilweise deutlich nach dem Trauma entwickeln können. Dies wird als Latenz oder Latenzzeit (Zeitraum zwischen Auftreten des Traumas und des Symptoms) bezeichnet.

- Bewusstseinsstörung, eventuell mit zunehmender Eintrübung
- Kopfschmerzen
- Schwindel und Gleichgewichtsstörungen
- Schielen
- Pupillendifferenz (unterschiedlich große Pupillen)
- Krämpfe oder sonstige neurologische Ausfallerscheinungen
- Übelkeit und Erbrechen
- Bewusstlosigkeit
- Erinnerungslücken (Amnesie)
- visuelle Halluzinationen (Photopsien)

Dabei müssen die Pupillendifferenz (Anisokorie) und zunehmende Bewusstseinsstörungen als besondere Warnzeichen betrachtet werden, da sie Hinweise auf eine Blutung innerhalb des Schädels sein können. Tritt nach einer unmittelbar posttraumatischen, zunächst zeitlich begrenzten Bewusstlosigkeit später eine zweite Phase von Bewusstseinsstörung auf, dann bezeichnet man die dazwischenliegende Phase klareren Bewusstseins als *freies Intervall*. Ein solcher Verlauf wird als Anzeichen einer epiduralen oder subduralen Blutung gewertet.

Diagnostik

Das SHT ist eine potentiell lebensbedrohende Erkrankung. Daher muss umgehend und eingehend untersucht werden:

- Die klinisch-neurologische Untersuchung: Prüfung der Bewusstseinslage (einschließlich Sprache und Gedächtnis), der Hirnnerven (Auge, Ohr, Mimik, Zunge und Rachen), der Bewegungsfähigkeit (Kraft, Koordination) und der Sensibilität. Dabei Einschätzung der GCS und Prüfung der Indikation für eine Computertomographie. Da das SHT oft im Rahmen eines Polytrauma auftritt, müssen auch alle anderen Körperregionen untersucht werden.
- Die Computertomographie (CT) des Kopfes: Mittels des Röntgenverfahrens kann festgestellt werden, ob und wo Blutungsherde, Gewebsschäden oder Hirndruckzeichen vorhanden sind. Bei Kindern ist zu prüfen, ob die CT wegen der Strahlenbelastung durch ein MRT ersetzt werden kann.
- Die Analyse des Proteins S100 aus dem Blut kann zur Ausschlussdiagnose des leichten Schädel-Hirn-Traumas verwendet werden, ist aber kaum verfügbar.

Danach müssen die unmittelbaren (akuten) Therapieentscheidungen getroffen werden: Indikation für Operation, Intensivmedizin, weitere fachärztliche Untersuchungen (Augenarzt, HNO-Arzt usw.), stationäre Überwachung oder Entlassung (z. B. bei Schädelprellung ohne SHT).

Im Intervall sind oft weitere Untersuchungen sinnvoll:

- Magnetresonanztomographie (MRT): Hier werden elektromagnetische Impulse gemessen. Die Bilder lassen bereits kleine Schäden an verschiedenen Hirngebieten erkennen. Auch ist eine frühe Aussage zur Prognose beim schweren SHT möglich.[2] Voraussetzung für diese Untersuchung ist die Ruhelage des Patienten.
- Das Elektroenzephalogramm (EEG): Damit werden die Hirnströme, also die Funktion des Gehirns gemessen (Frage nach epileptischen Anfällen, Prüfung der Reaktion auf Außenreize beim schweren SHT).
- Evozierte Potentiale: Nervenbahnen werden auf ihre Durchlässigkeit überprüft. Auge, Ohr und Haut werden elektrisch gereizt. Reaktionen darauf lassen auf Störungen an bestimmten Schaltstellen schließen. Besonders SEP und AEP erlauben oft Aussagen zur Prognose beim schweren SHT.
- Der augenärztliche Befund: Klärung zusätzlicher Verletzungen des Auges (Einblutung, Perforation, Netzhautablösung).

Behandlung

Die frühzeitig einsetzende aggressive Therapie vermindert Sekundärschäden und ist ausschlaggebend für den Erfolg. Jeder Patient mit SHT sollte 48 Stunden im Krankenhaus überwacht werden (auch wenn „nur" eine Gehirnerschütterung vermutet wird).[3]

Die Rückbildung der Symptome bei einer Gehirnerschütterung kann 10 bis 25 Tage dauern, in minderschweren Fällen 3 bis 7 Tage. Sie wird unterstützt durch Ruhe, Vermeiden von Fernsehen, Lärm und Stress.

Kinder mit Schädel-Hirn-Trauma, deren Körper auf 33 Grad Celsius künstlich abgekühlt wird, haben schlechtere Heilungschancen als Kinder mit Schädel-Hirn-Trauma, die bei normaler Körpertemperatur behandelt werden.[4]

Im Rahmen des SHT können verschiedene Komplikationen auftreten, deren Therapie jeweils gesondert beschrieben sind: Bewusstlosigkeit, Hirndruck, Epiduralblutung, Subduralblutung und Schädelbasisbruch.

Literatur

- S2e-Leitlinie *Schädel-Hirn-Trauma im Erwachsenenalter* [5]der Deutschen Gesellschaft für Neurochirurgie. In: AWMF online (Stand 07/2007)
- S1-Leitlinie *Leichtes Schädel-Hirn-Trauma* [6]der Deutschen Gesellschaft für Neurologie. In: AWMF online (Stand 10/2008)
- S1-Leitlinie *Schweres Schädel-Hirn-Trauma* [7]der Deutschen Gesellschaft für Neurologie. In: AWMF online (Stand 10/2008)

Weblinks

- *Unterschätzter Befund. Forscher warnen vor Verharmlosung von Gehirnerschütterungen.* [8] In: *Spiegel Online.* 18. Januar 2010.

Einzelnachweise

[1] Heinz-Walter Delank: *Neurologie.* 11 Auflage. Thieme, Stuttgart 2006, ISBN 3-13-129771-9, S. 277ff..

[2] Steffen Reißberg u. a.: *Neuroradiologische Befunde zur Beurteilung der Prognose bei Patienten nach Schädel-Hirn-Traumen.* (http://www.springerlink.com/content/8e45vcapwcmvqk8h/fulltext.pdf) In: *Clinical Neuroradiology.* 13, Nr. 1, S. 27–33, 2003, doi: 10.1007/s00062-003-4348-4 (http://dx.doi.org/10.1007/s00062-003-4348-4).

[3] D. Kolodziejczyk: *Das einfache Schädel-Hirn-Trauma (Diagnostische Fallen und Komplikationen).* In: *Der Unfallchirurg.* 111, 2008, S. 486–492, doi: 10.1007/s00113-008-1452-6 (http://dx.doi.org/10.1007/s00113-008-1452-6).

[4] J. S. Hutchison: *Hypothermia Therapy after Traumatic Brain Injury in Children.* In: *The New England Journal of Medicine.* 358, 2008, S. 2447–2456, PMID 18525042.

[5] http://www.awmf.org/leitlinien/detail/ll/008-001.html

[6] http://www.awmf.org/leitlinien/detail/ll/030-047.html

[7] http://www.awmf.org/leitlinien/detail/ll/030-076.html

[8] http://www.spiegel.de/wissenschaft/medizin/0,1518,672227,00.html

Lippenlesen

Lippenlesen oder **Ablesen** bzw. **Absehen vom Mund** bezeichnet das visuelle Erkennen von gesprochenen Informationen über die Lippenbewegungen des Sprechers. Die bei verschiedenen Lauten jeweils unterschiedlichen Stellungen der Lippen und der Mundregion einschließlich der von außen sichtbaren Zungenstellung werden als Mundbild bezeichnet.

Anwendungsbereiche

Gehörlose und hochgradig Schwerhörige können bei mündlicher Kommunikation die akustischen Signale nicht oder nur zu einem geringen Teil erfassen. Sie sind daher im unmittelbaren Kontakt mit anderen Sprechern auf die Technik des Lippenlesens angewiesen. Lippenlesen ist dabei nicht die ausschließliche Verständigungsmöglichkeit, Alternativen liegen vor mit der Gebärdensprache und mit der Verschriftlichung von Informationen.

Gebärdensprache kann auch teilweise mit Mundbildern dargestellte Worte oder codierte Sinnbilder enthalten, die dabei nicht unbedingt auch akustisch ausgesprochen werden. Auch hier wird dann die Technik des Lippenlesens angewandt.

Auch Schwerhörige, die mit einem Hörgerät versorgt sind, können fallweise nur Bruchstücke der akustischen Sprachinformation eindeutig identifizieren, sie benutzen dann ebenfalls parallel zum „Hören“ das Lippenlesen.

Bis zu einem gewissen Grad benutzen auch Menschen mit unbeeinträchtigtem Gehör unbewusst diese Technik, um das Verständnis des Höreindrucks zu ergänzen bzw. abzusichern (McGurk-Effekt). In das Bewusstsein dringt diese Begleiterscheinung in diesen Fällen nur wenn beispielsweise bei einem ursprünglich fremdsprachigen Film durch die Übersetzung der Synchronisation die Mundstellung deutlich anders ist, als wenn sie dem gehörten Laut entspräche.

Technik

Bei der Produktion gesprochener Sprache werden die Sprechwerkzeuge des Menschen einschließlich des äußeren Mundbereichs in einer bestimmten Weise betätigt. Diese ist zwar bei jedem Individuum mehr oder weniger unterschiedlich, dabei aber auch mehr oder weniger ähnlich. Durch Beobachtung und Vergleich lassen sich daraus letztlich Muster für den visuell wahrnehmbaren Ablauf der Lippenbewegungen für bestimmte Laute oder Worte ableiten. Diese bewusst oder unbewusst gelernten Muster lassen prinzipiell ein fortlaufendes Ablesen gesprochener Sprache vom Munde zu.

Die Ausführung und Stellung der Mundbilder sind vor allem im Bereich der Gehörlosenpädagogik und Schwerhörigenpädagogik bis zu einem gewissen Grad systematisch bewusst und können nachvollziehbar veranschaulicht werden. Das Lippenlesen wird in diesem Bereich mit der praktischen Vorführung und „Lese“-Übung typischer Mundstellungen und Mundbilderfolgen geübt und trainiert. Hörgeschädigte Kinder müssen in diesem Bereich daher nicht das Lippenlesen jedes Mal individuell von neuem entdecken und erfinden.

Lehrer im Bereich der Gehörlosen- und Schwerhörigenpädagogik sprechen bewusst häufig mit besonders akzentuierten Mundbewegungen und langsamer als im normalen Alltagsleben sowie auch mit ständigem Sichtkontakt zu den Schülern. Auch Laien die mit Tauben oder Schwerhörigen häufiger in Kontakt treten (wie z. B. Arbeitskollegen), gewöhnen sich oft eine optimierte Sprechweise an, die das Lippenlesen erleichtert.

Es kommt vor, dass eine bestimmte Person beim Sprechen untypische oder undeutliche Mundbewegungen vollführt. Eine hörgeschädigte Personen, die sehr häufig mit dieser im Sprechkontakt steht, kann durch das unbewusste intensive Training dann auch unter diesen ungünstigen Umständen erfolgreich lippenlesen. Anderen Hörgeschädigten, die die gleiche Person seltener treffen, gelingt das dann jedoch weniger gut.

Probleme

Von den Lauten der deutschen Sprache lassen sich nur etwa 15 % einigermaßen eindeutig am Mundbild erkennen. Vielfach haben unterschiedliche aber lautlich ähnliche Wörter nahezu identische Mundbildabläufe. Beispielsweise sind *Butter* und *Mutter*, *Reifen* und *Greifen* oder *Achtzig* und *hat sich* im visuellen Eindruck der Lippenbewegungen nicht unterscheidbar.

Auch Schwerhörige, die bei zusätzlicher Hörgeräteversorgung manchmal nur Bruchstücke des Gesprochenen mit dem Hörsinn identifizieren und zusätzlich ebenso bruchstückweise visuell „verstandene" Informationen aufnehmen, müssen dies während der kurzen Wahrnehmungsspanne wie bei einem Kreuzworträtsel zusammenraten. Bei größerem Umfang – z. B. einem Vortrag – ist dies sehr anstrengend oder auch unmöglich.

Daher haben Gehörlose und Schwerhörige trotz Lippenlesen Mühe, Gesprochenes vor allem im größerem Umfang aufzufnehmen. Der Lückentext, der sich durch bruchstückhafte Wahrnehmung ergibt, kann bei viel Erfahrung und Kontext-Wissen ergänzt werden, so dass geübte Lippenleser bei bekannten Themen bis zu 30 % eines Textes von den Lippen ablesen können. Personen mit geringem formalem Sprachwissen und Wortschatz können daher schlechter Lippenlesen.

Hilfreich, um die "Trefferquote" beim Mundablesen zu verbessern, sind unter anderem ein deutliches Mundbild. Sinnvoll ist es auch, zuerst kurz das Thema oder den Rahmen dessen zu erwähnen, wovon man sprechen will. Unterstützt der Redner seinen Text durch Gestik oder Mimik, werden mehr Inhalte erkannt.

Keine Hilfe ist übertrieben deutliche Aussprache, weil sie die Lippenstellungen verzerrt und modellhaft untypisch werden lässt. Das gilt auch für extrem langsames Sprechen. Ungünstige Lichtverhältnisse, Nuscheln oder mundartlich gefärbte Aussprache erschweren das Lippenablesen. Das Ablesen von den Lippen kann das Verstehen also nur unterstützen.

Weblinks

- Abseh-Übungen [1]
- Lippenlesen [2]
- Grammatik der Gebärdensprachen [3]
- Lippenablesen [2] - Was bedeutet Hörschädigung?
- CSAIL: Articulatory Feature Based Visual Speech Recognition [4] - Forschungsprojekt mit dem Ziel, einer Software das Lippenlesen beizubringen

References

[1] http://www.schwerhoerigen-netz.de/RATGEBER/WER_NICHT_HOEREN_KANN/TEIL_B/B09.htm
[2] http://www.typolis.de/hear/lippenablesen.htm
[3] http://deaf.uni-klu.ac.at/deaf/wissenschaft_und_forschung/linguistik/bausteine_gs.shtml#mundbild
[4] http://people.csail.mit.edu/saenko/

Lispeln

Klassifikation nach ICD-10	
F80.0	Artikulationsstörung
F80.8	Sonstige Entwicklungsstörungen des Sprechens oder der Sprache / Lispeln

ICD-10 online (WHO-Version 2011) [1]

Lispeln ist die Bezeichnung für die Lautbildungsstörung der Zischlaute s ([s], [z]), sch ([ʃ]) und ch ([ç]). Es ist eine Form der Dyslalie. Sie gilt in der deutschen Sprache als Sprechfehler.

Formen des Lispelns

Am häufigsten betroffen ist der Laut [s], als Sigmatismus bezeichnet (vom griechischen Buchstaben Sigma abgeleitet). Das **s** wird üblich mit der Zunge hinter den Zähnen an den Alveolen (deutsch: Zahnfach) gebildet. Je nach falschem Bildungsort wird ein Sigmatismus addentalis (Bildung an den Zähnen) und Sigmatismus interdentalis (Bildung zwischen den Zähnen) unterschieden. Ein Sigmatismus addentalis ähnelt dem „harten" englischen **th** (stimmloser dentaler Frikativ). Weitere s-Fehlbildungen entstehen z. B. durch das seitliche Vorbeiströmen der Atemluft an den Zungenrändern (Sigmatismus lateralis) oder ein mit übermäßigem Atemdruck artikulierter, stark pfeifender und/oder zischender s-Laut (Sigmatismus stridens). Es kommt auch ein Lispeln am Gaumen vor, wobei die Zunge mitunter den Luftstrom gänzlich stoppt, sodass der Reibelaut abrupt endet. Der Sprecher wird dadurch weniger verständlich.

Die Störung des "sch" wird als Schetismus bezeichnet, die des "ch" als Chitismus.

Ursachen

Die Zischlaute sind die "schwierigsten" Laute der deutschen Sprache und werden daher erst zum Ende der primären Sprachentwicklung korrekt erworben. Bis dahin gelten Zischlautsstörungen in der Regel als normal (sogenannte physiologische Dyslalie). Als mögliche Ursachen sollten vor allem Hörstörungen (besonders im Hochtonbereich) ausgeschlossen werden. Kiefer- und Zahnfehlstellungen oder -lücken begünstigen eine fehlerhafte Lautbildung. Im Zusammenhang mit einer myofunktionellen Störung kommt es ebenfalls gehäuft zu einer Dyslalie der Zischlaute. Auch Lähmungen im Zungenbereich oder Zungen-/Kieferveränderungen durch Tumore können die Zischlautbildung beeinträchtigen.

Therapie

Das Lispeln kann meist erfolgreich behandelt werden. Wegen des Zahnwechsels im Kindesalter ist eine Therapie vorher wegen der dann noch physiologischen Dyslalie überwiegend erst nach dem Zahnwechsel im Frontzahnbereich indiziert.

Komik

In Zeichentrickfilmen wie Biene Maja, Duffy Duck, Die blaue Elise, Mighty B! Hier kommt Bessie und Ice Age lispeln manche Charaktere.

Siehe auch

- Dyslalie

Literatur

Günter Wirth: *Sprachstörungen, Sprechstörungen, kindliche Hörstörungen.* 5. Auflage. DÄV, Köln 2000, ISBN 3769111370.

Logophobie

Das Wort **Logophobie** leitet sich von den griechischen Wörtern *lógos* ('Wort, Rede; Lehre') und *phóbos* ('Furcht, Angst; Flucht') ab und ist die medizinisch-psychologische Bezeichnung für *Sprechangst.* Andere Quellen grenzen jedoch die Sprechangst deutlich von der Logophobie ab (Kriebel, Haubl und Spitznagel).

Im deutschsprachigen Raum wird Logophobie auch häufig mit Begriffen wie *Redehemmung*, *Lampenfieber*, *Kanonenfieber*, *communication apprehension*, *Publikumsangst*, *Redeangst*, *Leistungsangst*, *Kommunikationsangst*, *interpersonelle Angst* oder *Sozialangst* gleichgesetzt oder eng in Beziehung gebracht.

Störungsbild

Bei der Logophobie handelt es sich um eine psychogene (d.h. seelisch bedingte) Redestörung, welche den normalen Redefluss beeinträchtigt. Logophobie kann als eigenständiges Störungsbild auftreten oder aber als Komponente bei verschiedenen Sprach-, Sprech-, Rede- und Stimmstörungen enthalten sein, insbesondere bei Stottern und Mutismus.

Logophobie bezieht sich auf den Zustand der krankhaften Sprechangst in einer Publikumssituation und ist aufgrund ihrer phobischen Grundkomponente eine unangemessene, dauerhafte und starke Angstreaktion in Sprechsituationen, von denen keine reale Gefahr oder Bedrohung ausgeht.

Die starke Angstreaktion ist mit entsprechenden Vermeidungs- und Fluchttendenzen verbunden, die in unterschiedlicher Art und Weise aber reduziert und ausgeglichen werden. Versucht ein Betroffener angstauslösende Sprechsituationen zu meiden, wird es ihm oft unmöglich, seine Anliegen und Bedürfnisse zu verwirklichen.

Symptome

Bei der Angst beim Sprechen können folgende Symptome in einer Redesituation beobachtet werden:

- *Stimme*: Sprechstimme ist zu hoch, Dynamik ist zu leise, Melodie ist monoton
- *Redefluss*: Wortfindung verzögert, Sprechblockaden, Sprechunflüssigkeit, unpassende Pausen, zu rasches Sprechtempo
- *Atmung*: gesteigerte Atemfrequenz, Luftschnappen
- *Mund und Kehle*: häufiges Räuspern und Schlucken
- *Gesichtsausdruck*: kein Blickkontakt, Augenrollen, gespannte Gesichtsmuskultur, Grimassieren, Zuckungen, starrer Gesichtsausdruck
- *Motorik*: angespannt, zappeln, bewegungslos, steif, Hände und Füße zittern/schwanken, von einem Fuß auf den anderen treten

Abgrenzung der Logophobie von der Sprechangst

Oft werden die Begriffe *Sprechangst* und *Logophobie* gleichgesetzt, doch lediglich bei der Logophobie handelt es sich um eine tatsächliche Krankheit.

Sprechängstlichkeit wird als eine Störung des "normalen" Sprechens einer gesunden Person angesehen. Sie erscheint durchaus als berechtigte Angst und unterscheidet sich damit von der Logophobie, die als pathologisch übersteigerte, situationsunangemessene Angst auftritt.

Beim Sprechen, und das gilt für nahezu alle Kommunikationssituationen, stellt sich der Kommunikationspartner mit jeder Äußerung der Kritik seiner Gesprächspartner bzw. Hörer. Wird vom Sprecher die Bedeutung mündlicher Kommunikation, die Kritikfähigkeit der Kommunikationspartner berücksichtigt, und ist der einzelne sich selbst gegenüber kritisch geblieben, so führt das nahezu zwangsläufig zum Phänomen Sprechangst. Logophobie umfasst in der Publikumssituation gegenüber der Sprechangst aber schon klinisch relevantere, intensivere Ängste, die im Vergleich zur Sprechangst auch stärker und enger mit der Verhaltensklasse "Flucht/Vermeidung" verbunden sind.

Im englischsprachigen Raum hat der Begriff *glossophobia* (= Angst, öffentlich zu sprechen) deshalb weithin Fuß fassen können, weil die (freie) öffentliche Rede dort traditionell eine größere kulturelle Rolle spielt als z. B. im deutschsprachigen Raum.[1] Der Anteil der Menschen, die von *glossophobia* befallen sind, wird in verschiedenen gedruckten und Internetquellen mit 41%[2] bzw. 75%[3] beziffert, wobei Nachweise, aus welchen Untersuchungen diese Zahlen stammen, jedoch stets fehlen.

Therapiemöglichkeiten

Bis jetzt gibt es aus medizinisch-psychologischer Sicht noch keine ganzheitlichen Heilungs- oder Therapiemöglichkeiten für logophobiekranke Menschen. Es können lediglich therapeutische Maßnahmen anderer Sprach- und Sprechstörungen angewendet werden, die jedoch keine Heilung, sondern nur eine kleine psychische Verbesserung im Leben von logophobischen Menschen einleiten. Bei einer solchen Therapie wird vor allem versucht, den Menschen die Angst beim Reden zu nehmen, wenn es sich um lebensnotwendige Gespräche oder alltägliche Gesprächssituationen handelt.

Siehe auch

- Phoniatrie
- Pädaudiologie
- Elektiver Mutismus
- Mutismus
- Kommunikationsstörung
- Poltern

Literatur

- Beushausen, Ulla: *Sprechangst. Erklärungsmodelle und Therapieformen*, Opladen: Westdeutscher Verlag 1996, ISBN 3-531-12838-8. (Beiträge zur psychologischen Forschung, 26)
- Beushausen, Ulla: *Redeangst.* In: Gert Ueding (Hg.): Historisches Wörterbuch der Rhetorik. Darmstadt: WBG 1992ff., Bd. 10 (2011), Sp. 1016-1021.
- Kriebel, Reinholde: *Sprechangst*, Stuttgart: Kohlhammer 1984 ISBN 3-17-007941-7
- Lotzmann, Geert (Hg.): *Sprechangst in ihrer Beziehung zu Kommunikationsstörungen*, Berlin: Marhold 1986, ISBN 3-7864-2275-3. (Logotherapia, 2)
- Seidel, Kerstin: *Musikpädagogische und -therapeutische Aspekte bei der Behandlung von Logophobie*, in: Laufer, Daniela (Hg.): *De consolatione musicae. Festschrift zur Emeritierung von Walter Piel*, Köln-Rheinkassel: Dohr 2004, ISBN 3-936655-13-8, S. 213–226.
- Wendler, Jürgen (Hg.): *Lehrbuch der Phoniatrie und Pädaudiologie*, 4. Aufl. Stuttgart: Thieme 2005, ISBN 3-13-102294-9.

Weblinks

- http://www.sprachheilpaedagogik.at/Fachbeitraege/redestoerungen.pdf (PDF-Datei; 134 kB)

Einzelnachweise

[1] www.glossophobia.com (http://www.glossophobia.com/); www.talkingtoastmasters.com (http://www.talkingtoastmasters.com/)

[2] *The 14 Worst Human Fears*; in: David Wallenchinsky, Irving Wallace, Amy Wallace: *The Book of Lists*, 1977, S. 469–470 (auch abgedruckt in den Sunday Times, London); Lenny Laskowski: *10 Days to More Confident Public Speaking*, Warner Books, 2001, ISBN 978-0-7595-2500-9, S.

[3] www.glossophobia.com (http://www.glossophobia.com/); Glossophobia (http://phobias.about.com/od/phobiaslist/a/glossophobia.htm); Graham Jones: *Stop Public Speaking Fear*, 2005, ISBN 1-871550-36-X, S. 7

Article Sources and Contributors

Aphasie *Source*: http://de.wikipedia.org/w/index.php?title=Aphasie *Contributors*: 217, 3st, Aka, Albrecht1, Andante, Androl, AndréWilke, Arno Matthias, Baumfreund-FFM, Beyer, Brunello, Buchling, Bärski, Chpfeiffer, Chris09j, ChristophDemmer, Csilex, Der Lange, Der Spion, DerGraueWolf, DerJürgen, Docmo, Drahreg01, Eio, EnduroLM, ErhardRainer, H.-P.Haack, HaSee, Hic et nunc, Hotcha2, Hyronimus299, Igge, JD, JakobVoss, James hetfield, Karl-Henner, Krawi, LKD, Lueggu, MAK, Mai-Sachme, Marilyn.hanson, Mef.ellingen, Menphrad, Mesenchym, NobbyNobbs, Numbo3, OnkelDagobert, Paetsi123, Pao371, Pfx, Phoni, Pilo, Pittimann, Playmobilonhishorse, Pm, Politics, Purodha, Qaswa, Quasselkasper4, Redlinux, Regenspaziergang, Regi51, Schnupf, Sidon, Sigy, Srbauer, StillesGrinsen, Succu, THWZ, Taplitou, Trickstar, Tuxman, Urbach, Uwe Gille, WOBE3333, Zwiegel, ³²P, 69 anonymous edits

Neurowissenschaften *Source*: http://de.wikipedia.org/w/index.php?title=Neurowissenschaften *Contributors*: Abc2005, Aka, Alauda, Alexander Maier, Almeida, Amodorrado, Andante, AndréWilke, Anima, Asdfj, Benzen, Bumblebee, Ca$e, Carlo.Ierna, Chrislb, Christian2003, ChristophDemmer, DL5MDA, DasBee, David Ludwig, Density, Doktor PeWa, Drahreg01, Dtrx, Eisbaer44, Elian, Emkaer, Entlinkt, Ephraim33, Erwin34, Esperantisto, Filip em, Fiona-Stampfl, Gelitz, Gerbil, Gerhardvalentin, Giftmischer, Gleiberg, Grey Geezer, Guntram, HaSee, Hablu, Hans Dunkelberg, Homus, Hydro, Ingo-Wolf Kittel, Joker.mg, Karl-Henner, Kerbel, Krawi, Kuebi, Leider, Levin, Liberaler Humanist, MBq, Marcus Schätzle, Martin-vogel, Martin1978, Marvin 101, Mesenchym, Micha81, Mikue, NEUROtiker, Odin, PM3, PeeCee, Pinguin.tk, Pittimann, Rutze, Sauerteig, Semper, Silberchen, Simogram, Sniks6, Sparti, Steevie, Summ, Synapse, THWZ, Tafkas, Tangos, Temistokles, Terabyte, Tets, Thomas M., TopChecker, Trickstar, Tönjes, Umltertin, Uwe Gille, Warentester, Wiegels, WilhelmSchneider, Yacofred, Yehu, Zaphiro, Zenon, Zinnmann, 110 anonymous edits

Dysarthrie *Source*: http://de.wikipedia.org/w/index.php?title=Dysarthrie *Contributors*: Aholtman, Bartik, Ben Ben, Chb, Christian2003, Ergopädin, Gancho, HenHei, Linguistikonline, Lueggu, Mai-Sachme, MichaelFrey, NobbyNobbs, Phoni, Poodu, SFV-1, StillesGrinsen, Sven Jähnichen, Trickstar, Zornfrucht, 20 anonymous edits

Tumor *Source*: http://de.wikipedia.org/w/index.php?title=Tumor *Contributors*: A.Savin, AHZ, Aka, Andre Engels, Anhi, Anka Friedrich, Benff, Bertonymus, Brod, Btr, C-M, C.Löser, CS99, Cactus26, Carolin, Chaddy, Christian2003, Cjesch, Conversion script, Dbach, Der Messer, Der ohne Benutzername, DerHexer, Dietrich, Doktor silke, Drahreg01, Engie, Enricola, Ephraim33, Erud, Felistoria, Filzstift, Flavia67, Florian Adler, Frischluft07, GNosis, Gardini, Gartenflo, Gerbil, Gleiberg, Hansele, He3nry, Hedwig in Washington, Heinte, Herr-pieme, Hic et nunc, HongPhan, Horst, Hydro, Ichbinehrlich, Inkowik, Isolde mm Riede, JHeuser, JKS, JLeng, Jannek, Jed, Jsgermany, Kaisersoft, Kalumet, KarstenKnizia, Kgersemi, Kischkel, Kku, Knopfkind, Komischn, Kuebi, KurtR, LKD, Leichtbau, Lennert B, Luberon, Magnus Manske, Maikel, Marilyn.hanson, MauriceKA, Maveric149, Medbud, Melancholie, Milou, My name, Neokortex, Neu1, Nic, Nina, Numbo3, Onkelkoeln, Pavelc, PayamKatebini, Peter200, Pfalzfrank, Pittimann, PunktKommaStrich, Regi51, Revvar, Rhonin, Ribo, Robb, Robert Kropf, Robodoc, Roo1812, Schubbay, SciBorg, Sinn, Sjoehest, Stern, Succu, SumraddarmuS, THWZ, Template namespace initialisation script, ThE cRaCkEr, Toxilly, Tsor, Tönjes, UW, Ufg, Unscheinbar, User399, Uwe Gille, Video2005, W!B:, WPE, Wiegels, Wikidienst, Wilske, Wolfgang1018, WortUmBruch, Yikrazuul, YourEyesOnly, Zeno Gantner, Zinnmann, Zoph, pD902E15A.dip.t-dialin.net, pD902E3A2.dip.t-dialin.net, 180 anonymous edits

Verstehen *Source*: http://de.wikipedia.org/w/index.php?title=Verstehen *Contributors*: Aha, Alfred Grudszus, Anaxo, Ca$e, Capaci34, Cholo Aleman, ChrisHamburg, ChristophDemmer, Cleverboy, Diba, ElRaki, Emkaer, Flominator, Fluppens, Freibeuter, FriedhelmW, Geitost, Geof, Howwi, Hutschi, Inkowik, Joarsolo, Kanoa, Kunani, Luha, Markus Bärlocher, Markus Mueller, Matt1971, Neun-x, Nobody.de, ObservingSystems, Peng, PhHertzog, Qwqchris, Rahla, S.K., Supermartl, Thomas S., Ulrich.fuchs, Uwe Gille, Victor Eremita, Zaibatsu, Zenon, 14 anonymous edits

Sprechstörung *Source*: http://de.wikipedia.org/w/index.php?title=Sprechst%C3%B6rung *Contributors*: Aka, Akrause91, Brunosimonsara, D, Drahreg01, Enzyklofant, Gancho, Gardini, GeorgHH, Gleiberg, Hhdw, Hyronimus299, Lueggu, MarcoPhoto, Martinwilke1980, MichaelFrey, Nightwish62, Oinkk, Pelz, Pentachlorphenol, Phoni, Pionic, Polarlys, PunchDrunkLove, Robodoc, Schinzo, Spuk968, Stilfehler, StillesGrinsen, Sting2, Traute Meyer, Trickstar, Uwe Gille, WOBE3333, Wst, 23 anonymous edits

Sprechen *Source*: http://de.wikipedia.org/w/index.php?title=Sprechen *Contributors*: Arno Matthias, BastianBlank, Chpfeiffer, Chrisfrenzel, Crazy1880, Cristof, D, DerHexer, DerSalamander, Diba, Dietmarhartmut, Dundak, Foundert, GeorgHH, Gerbil, Gerhardvalentin, HaSee, Indoor-Fanatiker, Inkowik, Jo.Fruechtnicht, Karl-Henner, Kheinisch, Kku, Kurt Jansson, Leithian, Lirum Larum, Logograph, Lueggu, Magnus Manske, Matt1971, Mrmryrwrk', Nepenthes, Ottomanisch, Perrak, Sadzio, Smurf, Tallyho, Tmid, Transportme, Tsor, Ulz, Weiacher Geschichte(n), WissensDürster, Wnme, Zafran, Zulu55, 39 anonymous edits

Vergiftung *Source*: http://de.wikipedia.org/w/index.php?title=Vergiftung *Contributors*: 24-online, ARTE, Aka, AlbertoBetulla, Amanol, Andante, Andys, Angerdan, Ardoc, Benff, C.Löser, Crazy-Chemist, DasBee, Der.Traeumer, DerHexer, Didicher, Don Magnifico, Doudo, Dr.cueppers, Drahreg01, Duesentrieb, Fubar, GFJ, GrummelMC, HaeB, Helmut Zenz, Hermannthomas, Hhnt, Hydro, JARU, JWBE, Jed, Karl-Henner, Kurator, Lennert B, Mager, Magnificient, MantisR, Marilyn.hanson, Matt1971, Miriel, Mondkraft, Nephelin, Nerd, Netopyr, Ninjamask, Noahing01, Obersachse, Ovicula, Paramecium, Pelz, Polarlys, Randolph33, Redlinux, Reisserei, Rhadamante, Robodoc, Rogald, RolfS, RonMeier, Rossi1, Rtc, Seewolf, Semper, Sickle, Sig11, Sinn, Soundray, Stargaming, Stechlin, Steffen84, Stw, TheWolf, Togo, TomAlt, Toxnet, UHT, Unyxos, Ute Erb, Uwe Gille, Uwe W., W!B:, WAH, WIKImaniac, Wegely, Wertuose, Wikipartikel, Xls, Zamzavkaftyaf, Zaphodia, Zornfrucht, 47 anonymous edits

Schreiben *Source*: http://de.wikipedia.org/w/index.php?title=Schreiben *Contributors*: 132-180, ABC1234567, Aineias, Aka, Averaver, BK, Berliner Schildkröte, Chigliak, Christian Günther, ChristophDemmer, Complex, Cymothoa exigua, Dagonet, Delisa7, DerHexer, Diba, Dti, Erud, Euku, FDE, Fenice, Florian Adler, HAH, HaSee, Hedwig in Washington, Jbo166, Jivee Blau, Joni2, Kku, LC, Laryngoskop, Lillianne, Löschfix, Madame, Manatwar, Mario todte, Martin Aggel, Martin1978, Massimo 1963, Matt1971, Media lib, Mkill, Nebukatnezar, Nerd, Neu1, Nicolas G., Nicor, Origamiemensch, Paddy Daddy, Pelz, Peter200, Pittimann, Process-marie-claire, Regi51, Ri st, Rufus46, SDB, Semper, Sinn, Sp33dy G0nz4l3s, Spuk968, Staro1, Stilfehler, Superbass, Suricata, ThePeter, Treisijs, Ulrich.fuchs, Urbach, WAH, Wst, Zaccarias, Zaphiro, Zollernalb, 51 anonymous edits

Sprachstörung *Source*: http://de.wikipedia.org/w/index.php?title=Sprachst%C3%B6rung *Contributors*: .--, A Ruprecht, Aka, Akrause91, Andante, Christian2003, ChristophDemmer, Dr. Karl-Heinz Best, Dr.cueppers, Enzyklofant, Frutschlixxorr, Hhdw, Hyronimus299, KnightMove, Lueggu, Maincrack, Martinwilke1980, Nightwish62, Nogo, Pasinger, Peng, Psypathlang, Rita Zellerhoff, Schmierer, StillesGrinsen, Trickstar, Uwe Gille, WIKImaniac, Wehrmann, Wikiuser55, Wst, 44 anonymous edits

Schädel-Hirn-Trauma *Source*: http://de.wikipedia.org/w/index.php?title=Sch%C3%A4del-Hirn-Trauma *Contributors*: APPER, Adrian Bunk, Aka, Andante, Ann G. Neem, Applepie, Cestoda, Christian2003, Claudioverfuerth, Corrigo, Crazy-Chemist, D, Delldot, DerSchim, Doudo, Drahreg01, Einmaliger, Empon, Ewiger Besserwisser, Flothi, Frosty79, Furfur, Garak76, Gary Dee, Gerhardvalentin, Gleiberg, Gnu1742, HenHei, Henry78, Hic et nunc, Hydro, Ing, Invisigoth67, JHeuser, Josephusimperator, Korinth, Krawi, Kuebi, Kunokarpfen, Marcl1984, Marvin 101, McB, Medicus of Borg, Medwikier, Mesenchym, MichaelFrey, Mike 83, Moros, Mounir, Nockel12, Noone.x, O.Koslowski, Oerly, Peacemaker, Peter200, Pjacobi, Pne, Polarlys, Pöt, Regi51, Ri st, Robb, Robodoc, RokerHRO, RosarioVanTulpe, Rtc, Sabinew2, Sjoehest, StillesGrinsen, Stse, THWZ, TRoX, Th., The doctor, Timmoll, Tomte, Umweltschützen, Uwe W., Viperb0y, Waldo47, WebCD, Wettig, Wolfherman, YourEyesOnly, Zornfrucht, Никта, 108 anonymous edits

Lippenlesen *Source*: http://de.wikipedia.org/w/index.php?title=Lippenlesen *Contributors*: Aka, Andreas aus Hamburg in Berlin, Androl, Bine77, Chrislb, Christian2003, César, Filzis stifte de, Filzstift, HenrikHolke, Ichmichi, Ixitixel, Jonas kork, Jonathan Haas, Kurt Jansson, LeonhardEuler, Lycopithecus, NewAtair, Philipendula, Pyxlyst, Robb, Thetawave, Ulrich.fuchs, Uwe Gille, W!B:, WHell, 26 anonymous edits

Lispeln *Source*: http://de.wikipedia.org/w/index.php?title=Lispeln *Contributors*: Aineias, Ali-Sheep, Andreas Werle, Androl, Andrsvoss, BKSlink, Christoph D, DWay, DasBee, Dr Möpuse, Fapeg, Gerbil, Gleiberg, HaeB, HuckFinn, Immanuel Giel, Lueggu, MBq, Martin1978, Martinwilke1980, Mef.ellingen, Mesenchym, Midodatus, Nicor, Obstip, Phoni, Pocci, Primordial, Smartbyte, Snatok, Speifensender, Suit, TAXman, Tom.8, Trickstar, Uwe Gille, Wiegels, YourEyesOnly, 39 anonymous edits

Logophobie *Source*: http://de.wikipedia.org/w/index.php?title=Logophobie *Contributors*: Andim, Dobby1397, Eweht, Florian Huber, GenJack, Gerbil, Giftmischer, Gleiberg, Göhlemann, Hic et nunc, LKD, Lirum Larum, Lyzzy, MBq, MaLaa, Nere, PIGSgrame, Ri st, Robodoc, Schmierer, Stilfehler, Trickstar, Widescreen, Zickzack, Zornfrucht, 8 anonymous edits

Image Sources, Licenses and Contributors

Datei:BrocasAreaSmall.png *Source*: http://de.wikipedia.org/w/index.php?title=Datei:BrocasAreaSmall.png *License*: unknown *Contributors*: Jperl, Lipothymia, Nevit, OldakQuill, Uwe Gille, Was a bee

Datei:Codex_Manesse_Konrad_von_Wü rzburg.jpg *Source*: http://de.wikipedia.org/w/index.php?title=Datei:Codex_Manesse_Konrad_von_Würzburg.jpg *License*: unknown *Contributors*: user:AndreasPraefcke

Datei:Rembrandt Harmensz. van Rijn 105.jpg *Source*: http://de.wikipedia.org/w/index.php?title=Datei:Rembrandt_Harmensz._van_Rijn_105.jpg *License*: unknown *Contributors*: Anne97432, EDUCA33E, Emijrp, Ianezz, Jan Arkesteijn, Mattes, Siebrand, Vincent Steenberg, Wst

Datei:ThomasSchweicker2.jpg *Source*: http://de.wikipedia.org/w/index.php?title=Datei:ThomasSchweicker2.jpg *License*: unknown *Contributors*: Johann-Georg Schenck oder sein Illustrator

Datei:Trauma subdural arrows.jpg *Source*: http://de.wikipedia.org/w/index.php?title=Datei:Trauma_subdural_arrows.jpg *License*: unknown *Contributors*: 2007-06-24 17:16 Glitzy queen00

Printed by Books on Demand GmbH, Norderstedt / Germany